算盤傳

赵京龙

著

郑州大学出版社

图书在版编目（CIP）数据

算盘传 / 赵京龙著. — 郑州 ：郑州大学出版社, 2023.11
（2024.6 重印）
ISBN 978-7-5645-9315-5

Ⅰ. ①算… Ⅱ. ①赵… Ⅲ. ①算盘 – 历史 – 中国 Ⅳ. ①
O112

中国版本图书馆 CIP 数据核字（2022）第 247339 号

算盘传
SUANPAN ZHUAN

策划编辑	李勇军	封面设计	孙文恒
责任编辑	暴晓楠	版式设计	孙文恒
责任校对	王晓鸽	责任监制	李瑞卿

出版发行	郑州大学出版社（http://www.zzup.cn）
地　　址	郑州市大学路 40 号（450052）
出 版 人	孙保营
发行电话	0371-66966070
经　　销	全国新华书店
印　　刷	廊坊市印艺阁数字科技有限公司
开　　本	890 mm×1 240 mm　1 / 32
印　　张	5.5
字　　数	104 千字
版　　次	2023 年 11 月第 1 版
印　　次	2024 年 6 月第 2 次印刷

书　　号	ISBN 978-7-5645-9315-5	定　价	68.00 元

本书如有印装质量问题, 请与本社联系调换。

为算盘立传　为传承赋能

"天行有常，不为尧存，不为桀亡。"日新月异的当下，数不胜数的新事物如雨后春笋般层出不穷，与此同时，我们周围亦有许许多多的物什越来越难见踪影，甚至逐渐消失。

以我的家乡豫东平原为例，年少时寻常可见的物什，在今日，有些早已不见踪迹，有些逐渐被人们冷落而束之高阁，还有一些虽然仍在发挥"余热"，但用武之地日趋减少，聊胜于无……譬如庄稼人侍弄土地、粮食所用的诸多工具：犁、耙、锨、锹、耧、锄、铲、铡、镰、碾、叉等。在如今农业机械化、自动化普及的时代，这些以前随处可见的农具早已失去了维持数千年的耀眼"光环"，逐渐退出了历史舞台。"儿童相见不相识"，现在的少年儿童只能在长辈描述这些农具的材质、形状、长短、来历、用途等时去体会和想象它们的模样。

跟这些日渐稀少、逐渐消失的物什密切相关的是，人们以前经常使用的词汇、俗语等，亦发生了明显而深刻的变化。

年少时，经常听到大人们说的一句歇后语"剃头的挑子——一头热"，常用来形容诸多状态下某人一厢情愿的情境。这个歇后语在当时使用频繁，不仅易于理解，而且富有幽默感，常具妙语解颐之效。然而，放在当今，很多人都会大惑不解，为何剃头的挑子是一头热呢？这要从这个歇后语的渊源说起，所谓的剃头挑子，即剃头匠流动作业的全部工具和设备，这在农耕时代甚至数十年前都极其寻常，随处可见。这个挑子中，分量最大的当数一个煤炉，而且还是一个正在熊熊燃烧着的煤炉，这个炉子占据着挑子的一端；另一端装的则是瓢盆、毛巾以及理发用的工具之类的东西，故而，剃头挑子只有放着炉子的那头是热的。只是，如今剃头挑子不仅在城市里早已销声匿迹，即便是在偏僻的乡村也早已被淘汰出局无处寻觅，取而代之的是具有现代感的美发屋。此情此景之下，很多人只能在老辈人的叙述中去猜测、想象剃头挑子的样子。

目前，不少地方都在兴建农耕博物馆，来展示、记载、传承我们延续了数千年的农耕文化，这一举措不仅意义深远，而且非常值得推广与发扬。在这样的博物馆里，我们和我们的后人可以通过参观农耕工具和时人的劳动状态，在一定程度上了解先民们的生活方式、生产境况和人生态度及处世之道等。

在诸多逐渐淡出历史舞台的器物中，算盘称得上是极具特色、令人唏嘘的物件。

众所周知，算盘是在中国历史长河中用以计算的最为重要的工具之一，跟如今在各类销售市场、交易场所大显身手的计算器、计算机有异曲同工之处。然而，算盘之妙绝非当今的计算工具所能企及，因为算盘是体现中华民族秉性、智慧、为人处世之道的一个重要载体，在其身上，我们既能窥见民族文化、民族智慧之一斑，又能感受民族脉搏之律动。

算盘的起源，至今尚未有一个统一的说法，有起源于西周、汉代等不同的观点。从目前掌握的史料来看，关于珠算最早的记述，出自东汉时期徐岳的著作《数术记遗》，该著详细记载了珠算的 14 种算法，这足以证明，早在东汉时期，算盘或者算盘的雏形已经形成并流传甚广。

算盘在中国传统的商业发展中，曾经功绩赫赫，举足轻重，是财富的象征之物。民谚云："算盘一响，黄金万两。"将算盘与财富等而视之、并驾齐驱。与之同时，跟算盘相关的诸多口语、歇后语等，在日复一日年复一年的演进中，渐渐为人熟知："如意算盘""小九九""二一添作五""三下五除二"等，这些跟算盘相关、深有意味的词句，直至今日，仍然广为流传。同时，算盘的发明、演变与传统文化所倡导的"见利思义""谋道不谋食"等价值理念亦是互相呼应一脉相承的。

在科技化、信息化的今天，算盘的实际运算功能，从某种意义上来说几乎丧失殆尽，依社会发展规律而言，这是正常乃至必然的结果。但是，算盘作为文物、教学工具、纪念品、吉祥物等的使用价值、象征意义正在日益被人们发掘并逐步发扬光大，这是可喜可贺的，也是我们每一个热爱传统文化的有识之士应当赞扬、鼓励、推崇和身体力行的。

基于此，为算盘立传，从某种意义上而言，亦是为中华民族的智慧立传，为中国古典文化的传承赋能，故而，青年学者、作家赵京龙所著的《算盘传》一书，称得上是恰逢其时、意义深远。

《算盘传》一书，详细记述了算盘这一器物的种类起源、发展脉络、运算规则、相关典故、教育价值、学术交流等。此著不仅鉴古知今、贯通中外，而且其科普乃至学术价值也是不容忽视的。该著作最值得推崇的是，将算盘这一器物与中国古典文化的融合处理得不偏不倚、恰到好处，以历史与现实兼顾的视角去看待以算盘为代表的中国传统文化。诚如作者所言，算盘这样一种伴随着中华文明传承数千年的器物，不再是一件简简单单辅助我们计算的工具，早已成为我们民族智慧的一个载体、一个符号、一种象征，对这样具有象征意义的器物进行记录与说明，有利于我们更好地传承古典优秀文化、树立民族文化自信。

宋代大儒张载将"为往圣继绝学"看作学术乃至人生的要义之一。《算盘传》一书的写作，既要查阅翔实的专业资料，又要对资料进行全面系统的梳理与创作，这一点，赵京龙做得可圈可点，独具特色。从书稿可以看出，该著作科学而实用、专业而通俗，作者"以新掘旧，以旧开新"的严谨治学态度与精益求精的创作精神值得我们称赞。希望赵京龙在今后的读书、研究、治学及写作道路上继续秉持这一优良传统，切之磋之，琢之磨之，取得新的更大的成绩。

抛砖之语，权以为序。

李志生

2022年12月21日

目　录

1

第一章 算盘的种类和起源

第一节 我国古代计算工具

一、算筹是怎么来的

算筹，是古代用来计算的一种小棍子。主要由蓍草或竹子制成，后来也有用木头、象牙、兽骨、铁及其他金属制成的。算筹在古代有多种名称，有策、筭（今同"算"）、筹、筹算、筹策以及算子等名称。李俨认为"大约策为最先之名，而算子为后来通俗之称"。

算筹的具体起源时间现已无从考证，但从史料记载来看，产生时间最晚推至春秋战国时期；汉代以后至唐代，是其发展最繁荣时期；至明代，算筹逐渐淡出应用舞台；清代几乎被算盘完全取代。《仪礼·乡射礼》中的"箭筹八十，长尺有握，握素"及《仪礼·大射礼》中的"宾之弓矢与中、筹、丰"都有"筹"字，东汉郑玄注"筹"为"算也"。《道德经》第二十七章中有"善数，不用筹策"。这些都表明春秋战国时期算筹已相当常见。西汉辞赋家枚乘的《七发》中有"孔、老览观，孟子持筹而算之，万不失一"。东汉许慎的《说文解字》中说："算，数也，从竹，从具，读若筭。"汉代由于天文历法的需要，算筹进一步发展。班固编纂的《汉书·律历志》中已经出现了关于算筹尺寸规格的记载。《晋书·王戎传》中，谈及王戎"积实聚钱"时说其"每自执牙筹，昼夜算计"。之后的《隋书·律历志》中有具体算筹长度的记载。及至唐朝，算筹已经可以看作一定地位的象征了。根据《旧唐书》《新唐书》《唐会要》中关于朝服佩带的规定记载，上元元年（674年）八月规定"（文官）一品以下带手巾、算袋"，景云二年（711年）四月又制"令内外官依上元元年九品已上文武官咸带手巾、算袋"，"开元二年七月二十四日敕，百官所带算袋等，每朔望参日著，外官衙日著，余日停"。由此可以看出，由上元元年（674年）开始，算袋已是官员每日上朝必带之物，及至开元二年（714年），朔望参日和外官衙日还需要佩带，其他的时间不必佩带，并不是之前学者所理解的"开元二年，并停京官所带跨巾、算袋"。到了宋代，算筹仍是主要的运算工具，宋代张耒的《明道杂志》和沈括的《梦溪笔谈》中都记录了一位叫卫朴的盲人，其运筹如飞，在运算时，有人故意拿走一根算筹，他摸一下马上就能察觉，并能迅速纠正，显示了其高超的运筹技艺以及当时主要的运算方式仍是算筹这一事实。明代以筹为计算工具的计算方式逐渐减少，明洪武四年（1371年）有图案的《魁本对相四言杂字》书中，同时绘有算筹和算盘的图案。而袁宏道在其《寿何孚可先生八十序》中写道："公弘雅博物君子也。喜为邵氏学，每出入，必以算筹随。"由此可见，此时算筹已经不是常见之物。至清代，劳乃宣耗费数十年写成《古筹算考释》一书，其在自序中云"珠盘兴而筹之用渐废，西法盛而筹之传遂绝""筹为中法根本，失传已久"，可见，清朝时以筹为算已成过去。

　　算筹最早的形态说法不一。屈原的《离骚》中有"索琼茅以筵篿兮，命灵氛为余占之"。东汉王逸所作的《楚辞章句》中对其的解释是："琼茅，灵草也。筵，小折竹也。"灵草指的是古人占筮用的蓍草，《楚辞·卜居》中有"龟策诚不能知此事"，"策"指"蓍草"。《周易·系辞上》中有"大衍之数五十，其用四十有九"，"大衍之数"指占问用的蓍草的数目。因而，笔者认为算筹最早的形式是蓍草，以蓍草先占卜，后用以记数。西汉扬雄在《方言》中指出，"木细枝谓之杪……燕之北鄙朝鲜洌水之间谓之策"，"杪"是树枝的细梢，因此，算筹的早期形式又被认为是树枝。对于算筹的早期形式我们很难判断，但可以肯定的是，早期算筹为天然形态，而非人工制作，且无定制。到了算筹发展的成熟时期，其主要的形态就是由竹子等特定材料人工制成的了。

二、算筹是怎么使用的

算筹是中国独创的计算工具，有着独特的记数方式。在算筹记数中，数有横、纵两种形式的摆法。关于这两种形式的摆法最早的记载是《孙子算经》，而最早的图示则出现在敦煌算书《立成算经》中的九九表里。横、纵式表示1—5都是横纵排列相应数目的算筹，即表示2需要用两根算筹，横式用横排列，纵式用纵排列。当表示6—9时，需要遵守"以一当五"的原则，用1根算筹代表5，大于5的部分再以相应的数目排列。纵式时表示5的那根算筹与横式时表示1的算筹摆法一致，横式时则相反。这样的摆法，遵循《孙子算经》中的"六不积，五不只"和《夏侯阳算经》中的"满六已上，五在上方，六不积算，五不单张"的原则。即 5 不能用 1 根算筹表示，6—9 不能用横纵排列的相应数目的算筹表示。同时，算筹也有正负数的表示。

刘徽注的《九章算术》中有"正算赤，负算黑"的说法。简单的单位数表示只有"以一当五"的原则得到了体现，但在涉及两位或两位以上的多位数表示时，则表现出了更多的原则。

（一）位值制原则

在表示两位或两位以上的数字时，首先表现出来的是位值制。所谓位值制，就是运用少量的符号，通过它们不同个数的排列，以表示不同的数，也就是同一符号在不同的位置所代表的数字是不一样的。例如"‖＝‖"表示222，"‖"所处的位置不同其所代表的数值就不同。《墨子·经下》中有"一少于二，而多于五，说在建"的说法，译为 1 少于 2，而多于 5，是进算建位的结果。也就是说，"1"在个位时要小于"2"，而当"1"在十位时就要大于"5"。这就是算筹记数中遵守的位值制原则。

（二）十进制原则

十进制，指的是"逢十进一"，即每满十数进一个单位，十个一进为十，十个十进为百，以此类推的进位法。十进制并不是伴随着筹算计算的发展而产生的，其产生时间要早于筹算的产生时间。在殷墟甲骨中发现的甲骨文就已经出现了完备的十进制法。甲骨文中找到了用合文表示十、百、千、万的倍数的字符。算筹记数法成为世界数学史上一个伟大的创造，离不开十进制的应用。英国学者李约瑟说过："如果没有这种十进位制，就几乎不可能出现我们现在这个统一化的世界了。"可见十进制的重要性。法国数学家拉普拉斯也给予了十进制高度的评价，认为十进制使算术在一切有用的发明中排在首位。但拉普拉斯认为十进制出自印度，这显然是错误的。实际上，印度在公元 6 世纪才出现"二十"等表示 10 的倍数的数字符号，直至公元 7 世纪，才出现采用完整十进制的证据。

殷墟甲骨文的字符是十进制最早出现在中国的证据，除了字符外，从历史文献中也能看到我国应用十进制是早于印度的。《左传》记载，在鲁襄公三十年（前 543 年）时，官吏怀疑绛县一位老人的年龄，让他说出自己的年龄。老人不知道自己的年龄，只知道自己是正月初一甲子日出

生的，已经过了 445 个甲子日了，最末一个甲子日到今天
正好是 20 天。官吏询问朝中大臣，师旷曰："七十三年
矣。"史赵曰："亥有二首六身，下二如身，是其日数也。"
士文伯曰："然则二万六千六百有六旬也。"数学家梅文鼎
则在《古算器考》中明确讲道："下亥二画竖置身旁，盖
即竖两算为二万，又并三六为六千六百六旬，而四位平列
与历草同，此又（筹算）用于三代及汉晋者也。"刘钝在
《大哉言数》中认为："按照梅氏的解释：古'亥'字写作
'𠫓'，下移二首至身旁成'𝍫𝍠𝍠𝍠'，此即 26660。这是关
于位值制业已成熟的一个例子。"除此之外，在《孙子算
经》中有"言十即过，不满，自如头位"的记载。由此可
见，就如刘钝所言："中国是世界上最早产生这一概念并确
立完善的十进位值记数制度的国家。"十进制在我国早已产
生，十进制的算筹记数法也早已成熟。

（三）纵横相间原则

算筹记数中，数有横、纵两种形式的摆法，如果单用
一种摆法表示一个两位及两位以上的数字，会产生混淆和
错位的情况。因而，算筹记数的表示方法遵循纵横相间的
原则。《孙子算经》中有"凡算之法，先识其位。一从十
横，百立千僵，千十相望，万百相当"的记载。《夏侯阳算

经》中也有类似的记载："夫乘除之法，先明九九，一纵十横，百立千僵，千十相望，万百相当。"即个位用纵式表示，十位用横式表示，百位再用纵式表示，千位再用横式表示，以此类推，这样从右到左，纵横相间，算筹就可以表示出任意大的自然数，而且由于位与位之间的纵横变换，每一位的摆法是固定的，就不会出现混淆和错位。例如"3776"用筹算表示就是"三 Π ⊥ Т"。筹算的摆法除了需要纵横相间，还需要按照从高位向低位摆起的顺序。其实是由于低位在右侧，高位在左侧，《夏侯阳算经》中写道："纵算相似，横算相当。以次右行，极于左方。"

（四）零为空位原则

中国古代数学的一大特点即实用性，算筹也是为了记数和计算而产生的工具，记录的是具体的实数，因而，筹算数码中没有"零"这一字符。在遇到零的时候，是用空位代替的。例如"306"用算筹表示为"三　Т"，中间十位的零就是用空位表示。

综上所述，算筹记数法体现了十进位值制原则（位值制和十进制的总称）、纵横相间原则等中国古代数学独创的原则。这也是中国古代数学之所以达到巅峰的基础。算筹记数这些特殊的表示方式和原则，能在应用上更加方便且更易形成一套完备的计算体系。这使得算筹在中国古代相当长的一段时间里，成为主要运算工具。而且，更重要的是，算筹的这一完备的计算系统，为算盘所吸收和利用，使算盘得以在这一体系的基础上继续发展，因而，从这一角度说，算盘是由算筹演化而来的。

三、算盘取代算筹的原因

在人类发展史上，人类为适应实用性要求，对所有工具都在不断地进行革新。刘钝在《大哉言数》中认为："中国古代数学中一些脍炙人口的成果，诸如开平方和开高次方……都得利于算筹体系的采用。"他给予算筹高度评价，也正说明了算筹在中国古代数学中发挥着重要的作用。然而这都无法改变算筹在宋明时期逐渐被算盘这种新算器取代的事实。通过对算筹和算盘的发展轨迹进行研究，可以发现算盘是在算筹的基础上发展起来的，也说明了算筹被算盘取代是一个长期的过程。这个被取代的漫长过程，受到了诸多因素的影响。

（一）商业贸易的需要

实用性是中国古代数学的最大特色，因而，中国古代数学很多时候被称为"实用数学",即表明数学在很大程度上是根据古代实际问题的需要而产生和发展的。社会经济的发展、商业贸易逐渐增多,对于中国古代数学计算工具的产生和革新起到了重要的促进作用。算筹最晚产生于春秋战国时期,而这一时期正是我国社会大变革时期。笔者根据文献中所阐述的算筹在春秋战国时期产生的合理性原因中关于社会经济上的原因作出归纳:商业的发展,货币的应用,需要大量计算。同时,按亩收税较原来实行的井田制,需要更复杂的计算。还有就是计算比较复杂的历法的出现。这样看来,算筹的产生和发展是社会经济发展的产物,是与生产力的发展相适应的。那么,算筹的逐渐衰退和在此基础上产生和发展起来的算盘也与社会经济的发展有着密不可分的关系。

回顾算筹的发展轨迹和算盘逐渐发展的情况,也恰恰表明了计算工具的演变和革新与社会经济的发展有着密切的关系。唐代是我国封建社会发展的繁盛时期,各方面都得到了前所未有的发展,特别是社会经济方面。一是商业的空前繁荣,就长安城而言,出现了数以千计的店铺和市肆,商品交易频繁。而且长安作为国际大都市,对外贸易往来频繁。二是金融业的发展。《新唐书·食货四》中记载:"时商贾至京师,委钱诸道进奏院及诸军,诸使富家,以轻装趋四方，合券乃取之，号飞钱。"飞钱的出现，使得汇兑业务出现并不断发展。三是赋役制度的不断变革。从初期的租庸调制到后期的两税法的转变，是土地税由人丁征税到以财产征税的转变。《资治通鉴》卷二二八中在记载唐德宗建中四年（783 年），官吏征收房屋税和买卖交易税时写道："所谓税间架者，每屋两架为间，上屋税钱二千，中税千，下税五百，吏执笔握算，入人室庐计其数……公私给与及卖买，每缗官留五十钱。"元代史炤在为《资治通鉴》作注时标注："算，所以筹算也。"这表明在征收税费的时候，官方应用算筹，但也应看到，此时征收的税费数目较大，而且计算起来是比较复杂的。结合商业、金融业、税费等方面的发展，明显地表现出来的是计算越来越频繁，也越来越复杂。也显示出此时的算筹已不足以满足计算的需要，计算工具的革新在此时出现萌芽则成了必然。

到了宋代，"五代十国"的分裂局面结束，经济达到了前所未有的繁荣程度。在商业上，采取恤商政策，商业空前繁荣。就汴梁而言，"皇城之东曰潘楼街……每一交易，动即千万……相国寺每月五次开放，万姓交易，其余街坊巷院落，纵横万数……其商贾之繁盛，方之后周……而各路货物咸运至京师销售"。可见当时商业之发达，出现了大量的集市，形成了大大小小的城镇，显示出城市商业的繁荣和商品贸易的频繁。同时，航海业和造船业的发展，使得海外贸易发达。在金融上，出现了最早的纸币"交子"，大大促进了商业的发展。繁荣的商品贸易，使得算筹的缺陷进一步突显，而算盘的优越性却逐步地显示出来，但由于此时的算盘算法还不成熟，一些算法仍然需要依靠算筹进行计算。因而，在宋代时期，进一步繁荣的社会经济推动了算盘的传播，而算法的不成熟和应用习惯等问题，使得这一时期算筹和算盘并存。

元明时期，随着城市交通发达、农产品的商品化和手工业的发达，全国已形成庞大的商业网络。东西南北商业流通畅快，海外贸易往来活跃。郑和七次下西洋，更是推动了海外贸易的发展。商品经济不断向社会各个方面渗透，导致更加复杂的经济问题出现，更加方便的计算成为迫切的需求。经过传播，算盘为更多的人所接受，使得元明时期成为算盘的快速传播时期，算筹则逐渐被取代。

总而言之，算器的变革是一个长期的过程，唐代、宋代、元代、明代的社会经济的发展使得商业贸易日益繁荣，其对算盘的发展起着重要的推动作用，使得不适应社会发展的算筹渐渐地衰落，而与商业贸易的发展更为适应的算盘逐渐地发展起来。

（二）算筹的缺陷

算筹被算盘取代，其自身的缺陷也不容忽视。

第一，就算筹的横纵相间的摆放方式而言，需要时间较长，同时影响计算速度，不利于计算。摆放算筹本身就需要一定的时间，再加上计算时摆放的时间，整个运算过程所需时间会很长。在频繁的商品贸易中，算筹的这一缺陷更明显地表现出来。

第二，就算筹的尺寸规格来说，不利于计算的进行。上文已经提到，早期的算筹其形态是天然的，没有具体的规格。之后，随着算筹的逐渐发展，开始出现了具体的规格。《汉书·律历志》中记载："其算法用竹，径一分，长六寸，二百七十一枚而成六觚，为一握。"根据中国历代度制演变测算简表，汉代1寸等于2.31厘米，1分等于0.231厘米。《汉书》中算筹的规格是长大约13.86厘米，径大约0.231厘米，圆形。许慎《说文解字》中也印证了这一尺寸："算，长六寸，计历数者，从竹从弄，言长弄乃不误也。"出土的实物同样印证了这一尺寸。1971年，陕西千阳县一座西汉墓中出土了算筹："筹为兽骨质……一组共31根。算筹最长者为13.8厘米，大多为13.5厘米……粗细大致均匀，细者径为0.2厘米，粗者径为0.4厘米，一般径为 0.3 厘米。"由此可以看出，算筹的长度不利于携带，而其形状在摆放时易滚动。及至隋代，《隋书·律历志》中记录算筹的规格是"其算用竹，广二分，长三寸，正策三廉，积二百一十六枚，成六觚"。经过换算，隋代算筹的长度是大约 8.88 厘米，宽约 0.59 厘米，方形。可见，此时的算筹规格有所改善，长度变短，由圆形变成方形，但仍能看出，此时计算时依然很不方便。

第三，算筹的摆放需要一定的空间，不利于随时计算。唐代高彦休在《唐阙史》卷下中记载了关于杨尚书（杨损）补吏的一则小故事。杨损准备在两个能力不相上下的小吏中，选一个专门管理兵籍。杨损认为计算是办事最需具备的技能之一，所以就给二位小吏出了道算术题，并"令俯阶筹之"，谁先答对选谁。上文中提到的宋代盲人卫朴，其计算时"布算满案"。由此可见，在应用算筹计算时，需要一定的空间，要是遇上复杂的计算所需要的空间将更大。华印椿先生在《中国珠算史稿》中用宋代马永卿撰写的《懒真子》中的"出算子约百余，布地上，几长丈余"来说明算筹计算时占地面积较大。阅读原始文献后，笔者发现，有一个情况在这里需要予以说明：《懒真子》用算筹所作的是算命，而不是数字计算。后来发现张沛先生在《出土算筹考略》中纠正了这一点，同时，张先生认为这句话是"故弄玄虚""不足为据"。但笔者认为这虽然是用于算命，但还是可以想见算筹应对复杂的运算是不灵便的。华印椿的结论仍是合理的。

相比之下，算筹的缺陷在算盘中得到了很好的弥补。算盘不需要横纵摆放，更利于随身携带，随时计算，速度更快。在频繁的贸易中，算盘的优势也更明显地得到了体现。因而，算筹的缺点和算盘的优点，使算盘取代算筹成为必然。

（三）算法的改革

在应用的过程中，算筹的计算方法在不断地改革，虽然这也使得算筹得到了进一步发展，但从长远来看，算筹算法的改革成为算盘取代算筹的推手。算法改革的核心是简化算筹的乘除步骤，即将以前的三重步算转化成在同一横列里完成乘除计算。例如，在计算 37（被乘数）×52（乘数）（为了方便，这里用阿拉伯数字代表算筹）时，算筹的摆放是乘数的个位数与被乘数的最高位对齐。然后，首先用被乘数的最高位 3 乘以乘数 52，并从最高位开始乘起，3 与 5 相乘的时候，所得结果的个位数与乘数的个位数对齐，3 与 2 相乘所得结果的个位数与被乘数个位数对齐，两个结果相加后可知 3 乘 52 的结果为 156，因为 3 处在十位上，因此，结果需要向前推一位即得 1560。同理，用 7 乘以 52，得出结果 364。最后再将两个结果相加，最终得出 1924。由此可以看出，计算需要三重步算，并需要排列为三行式，算筹移动十分烦琐，摆放相当麻烦。

算法的改革大致出现在唐中期，出现了"重因法""身外加减法""损乘法"等一系列的方法，来实现将筹算转化成可以在一个横行里的计算。现存传本《夏侯阳算经》三卷中记录了这些方法，例如在"说诸分"章第二十一题将 35 化为 5 乘 7，将多位数乘法分解乘数，变为一位数乘法。而且根据考证，此书为唐代宗在位期间（762—779年）写成的。除此之外，还出现了"求一法"，《新唐书·艺文志》和《宋史·艺文志》中都录入了江本《一位算法》二卷、陈从运《得一算经》七卷这两本算书。但这两本书都已失传，只能根据记载来略窥一二。《宋史·律历志》中有记载"唐试右千牛卫胄曹参军陈从运著《得一算经》，其术以因、折而成，取损益之道，且变而通之，皆合于数"。康熙四十九年（1710 年），圣祖仁皇帝御定的《御定渊鉴类函》卷三百三十一"算四"中有"一算术，又曰唐江本撰《三位乘除法位算法》二卷，以一位因、折、进、退，作一算术九篇，颇为简洁"的记载。这些都显示了唐中后期以后算法改革取得了突破性的进展。这样就产生了两方面的影响，一方面，计算步骤的简化，使得计算时不再需要用算筹摆出全部三个步骤，可以通过单位数计算等简单的计算直接得出结果，一架算盘没有办法同时摆出三个步骤，而当其简化为可以在同一个横列里时，这样的算法恰好符合算盘。算筹的新算法在算盘上可以得到更好的应用，这样算盘便自然继承了算筹的算法。另一方面，算法的改革也使得人们对于运算速度有了更高的要求，这一要求是摆放算筹所达不到的。算法的改革加速了算筹速度慢、摆放费力耗时等缺点的进一步显现，计算工具的革新就成为必然，算盘的出现也符合算法革新的趋势。

综上所述，中国古代数学源远流长，成绩斐然。计算工具因受到商业贸易的需要、算筹的缺陷、算法改革等因素的推动，最终使得算盘逐步取代算筹，且其重要性在古代数学和社会生活中日益凸显。

第二节　算盘的寓意

关于算盘的来历，一说最早可以追溯到汉末时期关羽所发明，据说当时就有了"算板"。古人把 10 个算珠穿成一组，一组组排列好，放入框内，然后迅速拨动算珠进行计算。

"珠算"一词最早见于东汉徐岳所撰《数术记遗》，其中有云："珠算，控带四时，经纬三才。"北周甄鸾为此作注，大意是：把木板刻为三部分，上、下两部分是停游珠用的，中间一部分是作定位用的。每位各有 5 颗珠，上面 1 颗珠与下面 4 颗珠用颜色来区别，后称为"档"。上面一珠当五，下面四珠每珠当一。而今天的解释是：算盘为长方形，木框中嵌有细杆，杆上穿有算盘珠，算盘珠可沿细杆上下拨动，通过用手拨动算盘珠来完成算术运算。

到了明代，珠算不但能进行加、减、乘的运算，还能计算土地面积和各种形状东西的大小。

算盘的形状不一、材质各异，一般多为木制（或塑料制品）。其矩形木框内排列着一串串等数目的算珠，中间有一道横梁把算珠统分为上、下两部分，算珠内贯直柱。具有灵便、准确等优点。

用算盘计算称珠算，珠算有对应四则运算的相应法则，统称珠算法则。随着算盘的使用，人们总结出许多计算口诀，使计算的速度更快了。相对一般运算来看，熟练的珠算不逊于计算器，尤其在加减法方面。用时，可依口诀，上下拨动算珠，进行计算。珠算计算简便迅捷，在计算器及电脑普及前，为我国商店普遍使用的计算工具。

值得注意的是，"算盘"一词并不专指中国算盘。从现有文献资料来看，许多文明古国都有过各自的与算盘类似的计算工具。

古今中外的各式算盘大致可以分为三类：沙盘类、算板类、穿珠算盘类。

沙盘是在桌面、石板等平板上铺上细沙，人们用木棍等在细沙上写字、画图和计算。

后来逐渐不铺沙子，而是在板上刻上若干平行的线纹，上面放置小石子（称为"算子"）来记数和计算，这就是算板。19世纪中叶在希腊萨拉米斯发现的一块一米多长的大理石算板，就是古希腊算板，现存于雅典博物馆中。算板一直是欧洲中世纪重要的计算工具，不过形式上差异很大，线纹有竖有横，算子有圆有扁，有时还有圆锥形（类似跳棋子），上面还标有数码。

穿珠算盘指中国算盘、日本算盘和俄罗斯算盘。日本算盘叫"十露盘"，和中国算盘不同的地方是算珠的纵截面不是扁圆形而是菱形，尺寸较小而档数较多。俄罗斯算盘有若干弧形木条，横镶在木框内，每条穿着10颗算珠。笔者认为，在世界各种古算盘中，中国的算盘是最先进的珠算工具。

第三节 中国算盘是怎么来的

　　作为计算工具，算盘在东西方都有出现，并且存在了较长的历史时期。中西方算盘产生前的计算工具，产生和发展的时间不详，因而对于算盘的起源时间也没有明确定论。故在谈及算盘的起源时，明显有着两种不同的意见。西方学者多认为算盘起源于古希腊，其出土的古罗马时期的算盘实物与现代算盘的形式非常相似，完全具备现代算盘的功能。有日本学者提出过中国的算盘是在古代丝绸之路的贸易中，古代中国人向罗马人学习的产物。但是中国的很多著述都坚信算盘最早是由中国人发明的，至少是中国人独立发明的。笔者通过对中西方相关的算盘资料、文献等方面进行全面的梳理，以求解决由来已久的算盘起源问题。

　　关于算盘的起源，一直是研究算盘不可回避的问题。其中的算盘中源说是指认为算盘起源于中国，而且大多数学者都是以此为基础对算盘进行研究的。在中国古代"重农抑商"的大背景下，士大夫对于算盘这一主要用于商业的计算工具记载得比较少。而较少的史料记载，导致算盘产生年代无法得出定论，说法繁多。以清代梅文鼎为代表的元末明初说、以清代凌延堪为代表的宋代说、以现代学者余介石为代表的唐代说，除此之外还有汉代说、西周初期说以及时代更为久远的黄帝说，可以看出这些说法上下相差 4000 多年。之所以存在这些争论，一方面是由于缺少对现有史料的详细分析，以及对现有史料存在较大争议；另一方面是缺少对现有史料的整体分析，出现较为片面的分析。例如，《珠算与珠心算》2003 年第 1 期登载了该刊编者转自"新华社电"的一则报道，称"荆州发现战国陶制算盘珠"。几乎同时，先凯发表文章指出他本人与荆州战国陶珠的发现者是熟人，知道这一篇报道是如何有违"发现者"的本意而由追求轰动效应的记者炮制出来的。因此此议绝非定论。然而 2005 年仍然有人力挺荆州陶丸是算珠的说法，像姜克华在《齐鲁论坛》2005 年第 4 期中发表《"荆州陶珠"读后》的文章。因而，对于史料作出具体分析，找出存在争论的根源，对于给出科学合理的起源时间有着不可替代的必要性。

一、起源西周说

现阶段，学术界认定中国算盘的起源是西周时期，其依据是一则考古发现：1976 年，考古工作者在陕西岐山县西周早期大型宫室的挖掘中，发现了大量陶丸。进入 20 世纪 80 年代，有学者陆续指出这些陶丸就是算珠，进一步认为算盘产生于西周甚至更早的时期。

（一）陶丸的发掘

西周陶丸是在陕西省岐山县发掘出土的。这里有大面积的古周原遗址，西周在此发源。1976 年 3 月，文物考古工作者在位于古周原中心区的岐山县京当公社贺家大队凤雏村发掘出一座西周早期大型宫室建筑基址，陕西岐山文管所刘亮在《试说周原遗址出土的陶丸》中详细记载了西周陶丸的出土："在该遗址东侧四个探方（每个探方边长10 米，而且是紧密相连的）周代文化层内陆续出土一批西周早期陶丸，系以黄泥为原料手捏烧制而成。这批陶丸共90 粒，其中仅有 3 粒半残，其余均完好。分为青黄两色，青色 20 粒，黄色 70 粒。陶丸均是浑圆形，大小较均匀，一般直径为 1.5 至 2 厘米，表面光洁度较好。"

（二）关于陶丸的争论

自陶丸出土以来就伴随着诸多的争议，如个数、颜色等。但最主要的争议则是针对陶丸的用途方面。一部分人认为其是弹丸，是古代一种小型狩猎工具，或者是一种玩具。这种观点以王为桐为代表，其发表了数篇文章对自己的观点进行论证。还有一部分人则认为陶丸是算珠。最早提出这一观点的人是刘亮，其在 1984 年撰写的《试说周原遗址出土的陶丸》中认为"这批陶丸是我国西周早期宫廷内所使用的一种计算工具，说更具体点是迄今为止在考古工作中发现的我国最早的计算工具——算珠实物"。之后，李培业、朱世浩、姜克华等发文对这一观点表示赞同，认为陶丸既不是弹丸，也不是弹棋，也不可能是其他玩具，而是算珠。

此类认识主要有以下几个依据：首先，其是以黄泥为原料烧制而成，表面有较好的光洁度。如果是用来狩猎，应该选择有棱角的、更常见的石子，因而，经过烧制的陶丸，不可能是弹丸。其次，虽然所出土的陶丸为 90 粒（青色 20 粒，黄色 70 粒），其比例并不符合珠算 1∶4 的比例，但这应该是由于入土前黄珠遗失所致。现在比值接近 1∶4 的陶丸，是算珠的可能性很大。再次，根据古代关于"弹棋"的记载，认为"弹棋"应始于汉，两种颜色的棋子数量应该相等，而出土的陶丸并不符合该规律，因而认为其并非弹棋。最后，出土的陶丸分两色，比例接近 1∶4，与《数术记遗》中甄鸾为珠算所作注解的"上一珠与下四珠色别"更接近，因而，认为陶丸与《数术记遗》相印证，为珠算所用的算珠。

关于陶丸用途的争议，关系到是否能将珠算的起源时间推前至西周。因而，在 1996 年，中国珠算协会组织召开第四届珠算史专业委员会，就陶丸进行了进一步研究。结论显示，第一，凤雏（岐山）遗址出土陶丸 86 粒，分为青、黄、白三色，没有明显的磨损、流动痕迹，青、黄二色陶丸不是 1∶4 的比例。第二，陶丸不是玩具，也不是弹丸，也不是灸治工具，倾向认为是计算工具（算珠）。第三，初步认定与"三才算"有关。但在 1996 年对陶丸进行再次考察时，发现有少数陶丸上有白色漆料，由此认为陶丸应当分为三色，这与早期分青、黄两色的记载不符。因而学者提出疑问，认为未经检测即认为陶丸上斑驳的白色是白色漆料的说法欠妥，故而对发掘陶丸与"三才算"有关这一结论不赞同，且认定其与"两仪算"存在密切关系。由此看来，西周陶丸应是"算珠"，但并非珠算的"算珠"，因而，将西周出土的陶丸作为珠算产生的历史证据是欠稳妥的。

二、起源汉代说

与算盘产生于西周的说法相似，认为算盘产生于汉代的人，也仅有一条史料作为凭证，即《数术记遗》中记载的十几种计算工具和方法中有一种被称作"珠算"。《数术记遗》现存本标记为："徐岳撰，汉中郡守前司隶甄鸾注。"

（一）《数术记遗》一书的来历

《隋书·经籍志》记载徐岳、甄鸾的著作中并未出现《数术记遗》一书。《旧唐书》中，开始出现"《数术记遗》一卷，徐岳撰、甄鸾注"的记录。之后，在宋仁宗庆历元年（1041年），王尧臣奉敕编纂完成的《崇文总目》"算术类"中，有"《数术记遗》一卷徐岳撰"的记载。至欧阳修等人于宋仁宗嘉祐五年（1060年）完成编纂的《新唐书》中，只记载"《数术记遗》一卷甄鸾注"，没有提及徐岳撰。在郑樵于绍兴三十一年（1161年）编纂完成的《通志·艺文略》中，也有"《数术记遗》一卷徐岳撰"的记录。这里需要指出的是，学界认为《数术记遗》在南宋前期已经失传，这一说法是不正确的，显然忽略了《通志·艺文略》的记载。《数术记遗》一书应该是在《通志》后失传或者只能说其在南宋并非常见之书，这也表明周中孚在《郑堂读书记》中认为"以实之恐即仲祺所伪撰"是没有依据的，《数术记遗》在南宋时也是有传承的。之后，南宋大理评事鲍澣之于嘉定五年（1212 年），在杭州七宝山三茅宁寿观所藏道书中发现此书，"即就录之，以补算经之阙"，为后世之传本。在脱脱等编纂的《宋史》中有"徐岳《数术记遗》一卷"的记载。至明代，胡震亨于万历年间所刻的《秘册汇函》和毛晋在《秘册汇函》基础上所刻的《津逮秘书》都收入了《数术记遗》。至清代，《古今图书集成》和《四库全书》中也有收录。而鲍澣之刻的《数术记遗》，现仅存孤本，收藏于北京大学图书馆。后文物出版社在 1980 年影印，收入《宋刻算经六种》中。

（二）《数术记遗》关于珠算的内容

《数术记遗》作为汉代说的依据，许多争论都是源于书中的记载，因而关于"珠算"的记载内容十分重要，其中有关"珠算"的内容为：

余以天门金虎……未识刹那之赊促，安知麻姑之桑田？不辨积微之为量，讵晓百亿与大千……先生曰："隶首注术，乃有多种。及余遗忘，记忆数事而已。其一积算……其一珠算……珠算，控带四时，经纬三才。"（注）刻板为三分，其上下二分以停游珠，中间一分以定算位，位各五珠，上一珠与下四珠色别。其上别色之珠当五，其下四珠，珠各当一。至下四珠所领，故云控带四时。其游珠于三方之中，故云经纬三才也。

（三）《数术记遗》存在的争议

《数术记遗》存在的争议颇多。关于《数术记遗》作者的质疑最早始于《钦定四库全书》中，其称"唐代选举之制，算学《九章》《五曹》之外，兼习此书。此必当时购求古算，好事者因依托为之，而嫁名于岳耳"。质疑的理由总结起来有如下几点：首先，在《隋书·经籍志》所列出的徐岳和甄鸾的著作或所注过的书中，没有《数术记遗》。其次，《数术记遗》中的天目先生、皇帝为法、隶首注术等用语，使其传承神秘，具伪托造书的特点。最后，据史料所载，刘洪在外做官，不曾回家，并未与徐岳见过面，况且也不能将刘洪称为"刘会稽"。但显然，最后一条质疑的理由存在问题，因为修缮《四库全书》时的习惯是听写，一些叠韵的字容易写错。例如，将袁山松《后汉书》对于刘洪的介绍中的"太山蒙阴人"录为"泰山蒙阴人"，"邻山阳太守"录为"邻丹阳太守"。这两个地名的录错使得最后一条原因不成立。因而，在之后认定为伪作原因中不见此条。

接下来，是周中孚在《郑堂读书记》中对于《数术记遗》的质疑，认为"刘甄注亦无所发明，疑为伪作"。其主要原因是：周中孚认为"麻姑"的故事最早出现在葛洪的《神仙传》中，而葛洪是东晋人，这使徐岳的文章中不可能出现"麻姑"一词，因而，认为其是伪作，并认为是鲍澣之所作。

两部书对《数术记遗》的质疑拉开了对《数术记遗》作者和年份质疑的序幕，之后的一批学者致力于对此问题的研究，支持其是伪作的人主要有李约瑟（英）、三上义夫（日）、钱宝琮、余介石、华印椿、李培业等，而周全中、王为侗、迟荣瑜、靖玉树等则认为其是徐岳所作。双方都给出了各自的理由，综各家之言，争论点主要表现在以下几个方面。

一是记载方面的争论。《隋书·经籍志》记载徐岳、甄鸾的著作中都没有《数术记遗》一书。《隋书·经籍志》

是由唐初数学家李淳风参与编纂的，李淳风曾给十部算经作注，其中有五部与甄鸾有关，所以认为李淳风对甄鸾的著作应相当熟悉，而《隋书·经籍志》中没有提及《数术记遗》，表明唐初还没有此书。持反对观点的人认为《隋书·经籍志》是第一本把经籍分为经、史、子、集四部四十类，另附佛、道两类的典籍，因而，在编次上出现错误在所难免，对于《数术记遗》的记载被遗漏也很正常。关于这条理由双方的说法都有一定的道理，但可以肯定的是，假设《数术记遗》在唐初已经存在，也还不为大家所周知。

　　二是词语使用的争论。《数术记遗》中有"未识刹那之赊促，安知麻姑之桑田"之句，句中的"刹那"和"麻姑"两个词一直是争论的焦点。"刹那"这个词，原为佛教用语，是外来词汇，是梵文"Kṣaṇa"的音译。而据对佛经的统计，"刹那"一词，在晋以前未曾出现过，其之前翻译佛经使用"须臾"一词，南北朝时期才逐步增多，而到了唐代才开始大量使用"刹那"一词。《数术记遗》作为一本算书，出现"刹那"一词，应该表示此词广泛使用了，表明此书至少是在晋以后才出现。同时还指出甄鸾注"刹那""积微"两个词，都来源于只有南朝宋才出现第一种译本的佛经《楞伽经》中，其明显是出现在徐岳所在的年代之后。对于"麻姑"一词，则出自葛洪的《神仙传》，但因其所记述的都是神话，故而认为麻姑的故事是由葛洪自己编撰的，而不是像故事本身说的发生在汉桓帝时，因为对于麻姑这一传说是否在汉代出现并没有文献记录。而持反对意见的人则认为，东汉时迦叶摩腾和竺法兰同译的《二十四章经》中有梵文"Kṣaṇa"一词，被译为"须臾"，但以后所附注疏就有"刹那"译名。关于"麻姑"一词，要尊重《神仙传》的记述，其事发生在汉桓帝时期，在徐岳生活年代以前。就这一点的争论看，持反对意见的人虽然有一定的道理，但明显不足以推翻别人的观点，就"刹那"一词就无法给出更明确的证据。因而可以得出，此书为伪作的可能性很大。

三是写作风格的争论。《数术记遗》与甄鸾所作《五经算术》的部分内容和写作风格相同。在内容上，《五经算术》的"尚书孝经兆民注数越次法"和"诗伐檀毛郑注不同法"中关于"大数记法"的内容，与《数术记遗》原文中的"大数记法"记载基本一致，即"黄帝为法，数有十等，及其用也，乃有三焉……上数者，数穷则变者，言万万曰亿，亿亿曰兆，兆兆曰京也"。不同的是，《五经算术》中用"大数记法"来解释《诗经》中的"毛注"和"郑注"，而《数术记遗》中用《诗经》中的"毛注""郑注"来解释"大数记法"。这两本书相互解释，加大了是同一作者的可能性。在风格上也一脉相承，符合甄鸾早年信仰道教，后改信佛教的信仰上的转变。由此可以看出，应该摒弃《数术记遗》是甄鸾以后所作之说，其为甄鸾所作的可能性增加。

四是关于假托徐岳的争论。古代有众多借古人之名来表达自己观点的事例，如《周髀算经》中假托周公同富高问答记录勾股定理等。但反对伪说的人认为虽有借古人之名的人，但其是借古人众所周知的名人的盛名，以使自己的观点更加为人们所接受。而徐岳的名声并没有甄鸾的名声大，因而不存在借名的必要。因此断定其并非伪作。而针对这点，支持的人又给出了新的观点，认为甄鸾借的并非徐岳和刘洪的名，就其文章的内容而言，主要借的是文中提到的皇帝和隶首的名。而古代托黄帝之名的则很多，如《淮南子》云："世俗人多尊古而贱今，故为道者，必托之于神农、黄帝而后能人说。"因而认为《数术记遗》是伪托而作。

总之，由于书籍中记载的不一致和战乱导致的原书曾一度失传等情况的出现，关于《数术记遗》的争论不休。《数术记遗》正文中关于算法的记载十分精简，没有过多的解释，而这又为甄鸾自作自注提供了一定的合理性。综合来看，《数术记遗》在唐初不为大家所周知，随着明代算科取士越来越普遍，《数术记遗》才逐渐为大家所公认。但认为《数术记遗》是南宋鲍澣之所作是错误的。因此就目前的证据而言，《数术记遗》是甄鸾自作自注则更为合理。算盘起源东汉说主要依靠的证据仅是《数术记遗》中的记载，因而，笔者认为算盘起源东汉说的命运与《数术记遗》一书的命运紧紧相关。此说是难以自立的。

三、起源唐宋说

迄今为止，尚未发现在宋朝之前存在算盘的直接文献证据。关于算盘产生于唐朝的说法均由间接资料推论而来。唐末有算盘出现的多种可能，但目前标志算盘毫无异议存在的证据出现于宋朝初年。前人关于这一时期的算盘研究，主要基于以下文献资料：一是北宋钱易在做开封县令时（1008—1016 年）所著的《南部新书》中提到"鼓珠"一词。二是谢察微撰的《谢察微算经》中残缺的"用字例义"部分中有算盘的用语说明。三是宋代刊刻的《盘珠集》和《走盘集》两本算书。虽然这两本书现已失传，但根据明代程大位的《算法统宗》（1592 年 5 月刊印）中卷末"算经源流"中收录的宋、元、明三代刊印的算书名录，其中提到："元丰（1078—1085 年）、绍兴（1131—1162

年）、淳熙（1174—1189 年）以来，刊刻者甚多，且以见闻者著之。"在这段中提到《盘珠集》和《走盘集》这两本书。算盘又称珠盘，因而可以把这两部算书作为有算盘记载的资料。四是北宋画家张择端的《清明上河图》中，最左端"赵太丞家"的药铺桌子上，画有一个算盘。五是1921 年 7 月在巨鹿县古城三明寺故址挖掘时，发现了很多文物，其中有一颗珍贵的木质珠子，被认为是算盘珠。六是南宋刘松年所作的《茗园赌市图》中也出现算盘。宋朝时期的史料相对较多，但由于《盘珠集》《走盘集》两本书的失传，刘松年作《茗园赌市图》的时间较晚，因而关于此时期对史料的关注主要集中在《南部新书》《谢察微算经》《清明上河图》和巨鹿木质珠子上。下面针对这些资料的真伪、是否确切等予以分析。

（一）《南部新书》及有关争议

《南部新书》的作者钱易，字希白，钱塘（今属新江）人。吴越王钱俶之子，钱惟演的从弟。十七岁举进士，试崇政殿时，因作文章过快被认为"轻俊"，遭罢免。后再考又因不满名次为第二，写讽刺考试的文章而被降级。其做官大致经历了濠州团练推官、蓟州通判、信州通判、太常博士、尚书祠部员外郎、判三司磨勘司、左司郎中、翰林学士等职。在真宗东封泰山时，钱易献《殊祥录》，从而升迁为太常博士、直集贤院。钱易在直集贤院数年间里，写成《南部新书》。《宋史》中记载："易才学瞻敏过人，数千百言，援笔立就……《青云总录》《青云新录》《南部新书》《洞微志》一百三十卷。"钱易的事迹收录于《宋史本传》《宋史·钱惟演传》《图绘宝鉴补遗》《翰墨志》《东坡集》《渭南集》《杭州志》等书中。

《南部新书》十卷的收录。《郡斋读书志》题《南郡新书》，分袁州本和衢州本，袁州本杂史类与小说类重复著录，而衢州本归为杂史类，均为五卷。《遂初堂书目》著录于小说类。《直斋书录解题》著录于史部传记类，十卷。《宋史·艺文志》著录于子部小说家类，十卷。《四库全书》题作《南部新语》，收于子部小说家类，十卷。

《南部新书》中有"近有钟离令王仁岫，善功算，因集八卦五曹算法云……既转移而得理，则丝忽而无差。但用诸法径门，取其简要，若类鼓珠之法，且凝滞于乘除"的记载，其中的"鼓珠"引起了争论。一些学者认为"鼓珠"应该和"算盘珠"一致，加上片面地认为《南部新书》内容多记载唐代相关内容，少数是有关五代的内容，便想当然地认为这里面的"鼓珠"应该作为唐代拥有算盘的依据。这显然是存在问题的。首先，《南部新书》虽杂采诸书，但其中又插有钱易自拟的内容，因此不能一味地将其归纳为唐代的事。其次，这段话是以"近有"开头，可以推断"王仕岫"的条目与写书时间应该不会相差太远。而且此段话的前一段"葛从周有疏功"和后面的"卢文进"段都是有原始出处的，显示出《南部新书》大部分条目均有原始或更早的来源，而本条目却没有，故而认为这一关于"王仁岫"的条目与写书时间相差不会太远。再次，《南部新书》自甲至癸，以十干为纪，共十卷。关于"王仁岫"这个条目是出现在《南部新书》的癸卷。而在本书的癸卷写有"皮仲卿祥符八年（1125年）御前进士记载"，认为癸卷可能是成书后的补记。通过以上内容可以进一步推定，"王仁岫，善功算"应该和成书时间相一致。这样看来，以余介石、华印椿为代表的学者认为其中的"鼓珠"便为"算盘珠"，并且认为这是北宋时期已有穿档算盘的重要依据，其可信度是较高的。

（二）《谢察微算经》及有关争议

关于谢察微本人，史书上鲜有记载，《畴人传》中关于谢察微只是标注"谢察微，撰《发蒙算经》三卷"。而关于《谢察微算经》，最早的记载出现在王尧臣庆历元年（1041年）编纂的《崇文总目》中，有"《谢察微算经》

三卷"的记录。之后，欧阳修、宋祁等人于宋仁宗嘉祐五年（1060年）编纂的《新唐书》中有"《谢察微算经》三卷"的记述，在郑樵于绍兴三十二年（1162年）完成的《通志·艺文略》中有"《谢察微算经》三卷"的记述，后由脱脱等编纂的《宋史》卷二百七中有"谢察微算经三卷"的记述。至元末明初，陶宗仪编辑的《说郛》（宛委山堂本）卷一百八中有"周髀算经，无文。算经（一名周髀算经）一卷（宋）谢察微撰"的记载。之后，在明朝钟人杰编著的《唐宋丛书》和清康熙年间编纂的《古今图书集成》中都有摘抄《说郛》的内容，故都有关于《谢察微算经》的记载。但前者将其记载为唐书，而后者记载为宋书。

谢察微编著的《谢察微算经》在"用字例义"中有"中（算盘之中）、进（移上前一位）、逢（遇有数而逢）、上（脊梁之上又位之左）、下（脊梁之下又位之右）、挨（随身变数也）、退（移下后一位）……脊（盘中横梁隔木）"的记载。"用字例义"中"例义"的原本含义是阐明义理的事例，"用字例义"则解释为用字所代表的含义和事例。显然，这是对算盘用语的解释，是解释算盘结构的词汇。因而，这被认为是有梁穿档定珠算盘存在的重要证据。这种算盘的结构与现在的算盘差异不大。正因如此，对于《谢察微算经》的时间确定就更为重要。

关于《谢察微算经》的争论，主要集中于对《谢察微算经》成书时间的争论。这主要是由于《谢察微算经》中的"用字例义"条目下有关于算盘用语的注解记载清楚，无异议，而对于此书的成书时间却无可信记载。

关于《谢察微算经》成书时间的争论有如下观点。认为是宋书的依据主要有两点：其一是以《说郛》中的记载为准，大多数的学者认为《说郛》中明确写出《谢察微算经》是宋书，因而认为谢察微是宋人，《谢察微算经》为宋书。其二是以《张邱建算经》的传本为依据，即至今最早流传的版本中《张邱建算经》最后关于"百鸡问题"有"此问若依上术推算，……自汉唐以来，虽甄鸾、李淳风注释，未见详辩。今将算学教授并谢察微拟立术草，创新添入"的记载，显然这句话非原书所有，是后来的版本增加上去的。而《张邱建算经》流传至今的最早版本是南宋嘉定六年（1213 年）鲍澣之刻本，此刻本是根据北宋元丰七年（1084 年）秘书省本《算经十书》翻刻的。因而，可以断定这段话是北宋元丰七年添加上去的。关于谢察微是北宋人，有人更是给出了具体时间，认为《谢察微算经》是北宋元丰元年（1078 年）的书籍。还有人认为"谢察微大概与沈括同时代"。另一种说法则认为其为唐书。其认为

《谢察微算经》出现在《新唐书》《通志》中，而这两本书又都是主要记录唐朝时期的书，因而，《说郛》是误将唐记载为宋，明朝钟人杰的《唐宋丛书》抄自《说郛》，却将宋纠正为唐。而至清代的《古今图书集成》中的《谢察微算经》转抄《说郛》时并未加以纠正，使得《谢察微算经》成为宋书，其实际应为唐书。

综上所述，关于《谢察微算经》成书时间的争论双方都没有明确的根据，但可以肯定的是最早的记载是《崇文总目》，而《崇文总目》的完成时间是庆历元年（1041年），所以许多人认为的《谢察微算经》是北宋元丰元年（1078年）的书籍的说法显然是错误的。在《旧唐书》中没有关于《谢察微算经》的记载，《新唐书》中有关于《谢察微算经》的记载，比较《旧唐书》和《新唐书》关于《艺文志》的记载，《新唐书》的记载书目明显比《旧唐书》的记载多出很多，并且多是对唐后期书目的补充。故而即使假设《谢察微算经》为唐书，也应当出现在唐末，且在此时并未有名。同样，假设其为宋书，则出现在北宋前期是可以肯定的。这表明，以《谢察微算经》作为算盘起源的根据，则北宋时期已经存在算盘是毫无异议的。

（三）巨鹿木质珠子及相关争议

宋徽宗大观二年（1108 年）秋，黄河泛滥，河决旧堤，淹没了当时的巨鹿县故城。后于政和五年（1115 年）在退淤地上旧址重建。800 多年以后，1918 年，当地人无意间掘地发现几十件宋测器，贩卖得利。第二年，巨鹿大旱，当地人开始以掘古物出售为生，后流至北平（现北京）。国立历史博物馆于 1921 年 7 月派员前往巨鹿故城三明寺故址发掘，对此，符九铭《梦云室丛谈》中有发掘经过的记录。其中只提到"雇工发掘，离地二丈，则见器物……凡匙、盆、碗以及女子钗、环、木梳之属皆具"，并未提及有算盘珠子，但其中提及的木梳等皆为木制品。

在卫聚贤的《中国考古小史》中有"此外有算盘子、木梳、围棋子、石砚等"的记载。发掘的算盘珠子只有一颗，半圆形，木质，直径 2.11 厘米，顶径 1.6 厘米，高 0.9 厘米，这与现在的算盘珠子相似度很高。现藏于北京历史博物馆。对于这颗木质算盘珠子的疑问，多为其年代是否为宋朝，为何只有一颗。因其挖掘离地二丈，则见器物，可以肯定其算盘珠子应该与其他器具来自同一地层，能够判断其为宋代的可能性很大。但因为没有具体的科学的鉴定（没有做过碳-14 鉴定），使木质算盘珠子这一证据的真实性大打折扣，而且仅有一颗，不具有强大的说服力。因而该证据只能作为宋代出现算盘的一个佐证。

（四）《清明上河图》里的算盘

《清明上河图》是北宋画家张择端的杰作，作者将此画献给当时的皇帝宋徽宗，宋徽宗十分珍视，并用瘦金体御笔亲书了"清明上河图"五字。

现北京故宫博物院藏本的画卷本幅上，并无画家本人的款印，确认其作者为张择端，是根据画卷之后金代张著的题跋，其上面明确地记载："翰林张择端，字正道，东武人也……按《向氏评论图画记》云：《西湖争标图》《清明上河图》选入神品。藏者宜宝之。大定丙午清明后一日。"这段话也是史料中唯一有关张择端的记载。《清明上河图》的最左端绘有一家"赵太丞家"的药铺，之所以认为是药铺，是因为其铺子的两侧立有"大理中丸医肠胃冷""治酒所伤真方集香丸"的招牌。在药店里置放着一张桌子，桌子上面放着一架算盘。华印椿先生的《中国珠算史稿》中有记载发现的过程："严敦杰先生于六十年代初发现此图，曾告知李俨先生。余介石先生得悉后，极感兴趣，特意到故宫博物院调查。"而殷长生先生在《中国珠算盘简史》一文中详细地记载了和余介石先生考证的全部过程。

1981 年，中国珠算协会偕同北京新闻电影制片厂，对《清明上河图》进行考察，认为其在摄像放大后是一架十五档算盘。这就为宋代出现穿档算盘提供了又一依据。这一依据的可信度很高，得到了大多数学者的认可。首先是算盘出现的地点，它出现在了药店的柜台上。众所周知，《清明上河图》是对北宋时期国都汴京繁荣景象的描绘，而这也就显示了汴梁城市商业的繁荣，而且是出现在药店这种需要复杂计算的商业地点，其真实性就大大增强了。在近现代社会中，算盘更是药店不可或缺的计算工具。其次是形状、档数和上下档的珠数都和算盘很接近，根据这一点也可以得出其为现代算盘的前身这一结论。

综上所述，从已有文献、书画和考古资料上可以看出，关于算盘的记载，有文献资料的没有图案作为佐证，而且文献的著作时间和作者都存在争议；有图案记载的又因为毛笔作画具有局限性且图案过小，而存在清晰度与结构上的分歧。就考古资料而言，又出现了孤证不立的状态，这也是对于算盘的起源至今仍无定论的原因。虽然对于算盘起源的具体时间还需要新资料的进一步发现，但通过对重要资料的全面认识和对存在的争论点进行详细分析，有些方面还是可以确定的。

第一，通过《数术记遗》存在时间和作者的争论，能够推断出《数术记遗》最晚的出现时间是在北周时期（即认为此书为甄鸾所作）。换言之，在北周就已经出现了"游珠"来进行计算。第二，《南部新书》作为唐代出现算盘的证据有些欠妥，作为北宋的证据更为可信。第三，《谢察微算经》应该是唐末到宋初的书籍，结合《数术记遗》，有理由相信北周到唐末年是算盘由"游珠"逐渐定型的转变时期。第四，巨鹿木质算珠、《清明上河图》等资料显示了宋中期是算盘逐步发展成熟的阶段。第五，通过对西周陶丸和《数术记遗》的论证，西周起源说和汉代起源说存在问题。

　　综合各方面的史料可以看出，《南部新书》和《谢察微算经》可以作为宋初存在算盘的直接证据，也就是说算盘出现在宋代初期有直接的史料支撑。按照发明发现的逻辑，算盘有多种可能起源于唐末，但目前尚无直接证据。一是《数术记遗》表明北周到唐末年是算盘由"游珠"逐渐定型的转变时期，并且此书曾经作为唐代明算科科目除了《算经十书》外的兼习之书，人们逐渐接受此书，唐代是中国古代经济快速发展的时期，进行算具改革也是比较合理的。二是前文提到筹算的算法改革在唐中期出现高潮，算法改革将筹算的需要三步算转化为在同一个横列里的计算，这一改革使算筹算法可以直接应用到算盘上作为算盘算法，推动算盘的产生。三是《谢察微算经》中记载的算盘的结构已经较为完整，但算盘结构发展到完整阶段应该有一个过程，因而算盘在《谢察微算经》之前出现是更为可能的。四是宋代以前的五代十国时期，战乱频仍，政权更替频繁，科学技术发展缓慢，此时出现算盘的可能性很小。而唐朝后期由于商业的发展和两税法的实施等因素，使计算更加复杂，算盘在这一时间产生较为合理。五是《旧唐书》中没有《谢察微算经》的记载，而《崇文总目》《新唐书》《通志》中都有关于《谢察微算经》的记载，这表明《谢察微算经》不是唐前期或中期的作品，而应该是唐末至宋初这一阶段的书籍。而且《新唐书》将《谢察微算经》列在江本《一位算经》和陈从运《得一算经》之前，江本和陈从运都为唐朝人，谢察微有很大的可能性是唐朝人。而且前后的书籍都是唐书，这就更加大了《谢察微算经》是唐末书籍的可能。因而，现阶段史料所能得到的比较科学合理的结论是：宋代初期出现算盘是有直接证据的，但并不能排除唐末出现算盘的可能性。

四、起源元明说

算盘起源元明说，最早出现在清代，这一说法是算盘起源时间最晚的说法，这一时期的史料较多，且本身无太大争论，这就使算盘在元明之后的史料，即清朝等时期的史料，不作为论证起源的史料，因而后文不作介绍。元明说代表人物是梅文鼎、钱大昕、严敦杰。梅文鼎在《历算全书》中指出，"然则今用珠盘，起于何时……然以愚度之，亦起明初耳"，他提出这种观点的依据是认为算盘出现的时间与吴敬著《九章算法类比大全》的时间相差不远。钱大昕在《十驾斋养新录·算盘》中认为："古人布算以筹，今用算盘，以木为珠……则元代已有之矣。"其依据是元代陶宗仪《南村辍耕录》中用算盘珠作比喻。严敦杰在《算盘探源》一文中提出"元代已有算盘，可无问题"，依据是他发现宋末元初的诗人刘因所作《算盘》诗这一史料。

由于关于算盘产生于元明的观点是在算盘起源问题争论的初期产生的，后随着新史料的不断出现，这种说法已经不再被提起了。元明时期发现的史料，作为算盘史上重要的史料之一，现更多地用来作为元明时期算盘迅速发展并已经普及的证据，因而有必要对其进行介绍。

一是宋末元初人刘因的《静穆先生文集》中有一首以"算盘"为题的五言绝句。

二是在《元曲选》中，元代杂剧《庞居士误放来生债》中有："咱人这家有万顷田，也则是日食的三升儿粟。

博个甚睁着眼去那利面上克了我的衣食，闲着手去那算盘里拨了我岁数。"

三是元代初画家王振鹏绘制的《乾坤一担图》中一位老人的货郎担上有一把算盘。

四是元代陶宗仪在元末至正二十六年（1366 年）的《南村辍耕录》第二十九卷《井珠》中，引当时谚语形容奴仆："凡纳婢仆，初来时曰擂盘珠，言不拨自动；稍久，曰算盘珠，言拨之则动；既久，曰佛顶珠，言终日凝然，虽拨亦不动。"后人称此为"三珠戏语"。把老资格的奴婢比作算盘珠，拨一拨动一动，说明当时的算盘已很普及。

五是明洪武四年（1371 年）刊印的《魁本对相四言杂字》最后一页有"算盘"二字，左旁画有十档算盘图，此书为至今发现的最早绘有算盘图的书籍。

六是在哥伦比亚大学图书馆发现的《新编对相四言》中有九档的算盘图。

七是明永乐年间的《鲁班木经》中对于算盘的尺寸和规格有详细的记载。

八是随郑和下过三次西洋的翻译官马欢在明景泰二年（1451 年）完成《瀛涯胜览》一书，此书在介绍"古里国"时描绘与此国进行贸易的过程，写道："彼之算法无算盘，则以两手两脚并二十指计算。"此时古里国的人在贸易中不用算盘，以手脚计算是奇怪的，这表明此时的中国计算用算盘是很平常的事，也表明了算盘在此时的中国早已盛行。

九是 1987 年 7 月在福建省漳浦县盘陀镇庙埔村的卢维桢墓里发现了一架上一珠下五珠的十五档菱形珠算盘。

综上所述，通过对现有资料的整理与分析可以得出，算盘在中国的发展轨迹大致是：算盘可能出现在唐后期，宋初期已经存在，并在其后至元明时期迅速发展并逐渐普及，清代、民国时期算盘逐渐成为日常生活常见的日用品，至新中国成立后，算盘还是主要的计算工具。后随着电子计算工具的出现，算盘才逐渐退出应用舞台。

第二章　算盘与美学

　　算盘承载着中国传统社会的意识形态和造物观念，集自然科学、文化教育、美学观念于一身，是具有较强代表性的中国传统器物，是中国造物传统中的宝贵遗产。中国古人在造物时一贯以"制器尚象"思想为准则，算盘设计中"尚物象"，主张"观物取象"，从现实事物中提取适当的视觉元素运用于算盘设计中，最终赋予算盘以实用性；算盘设计中"尚意象"，主张"象形取意"，将算盘的造型设计与民俗文化相结合，赋予算盘以某种象征意义；算盘设计中"尚道象"，提倡运用哲学思维、美学规律，赋予算盘以自然美和设计美。"制器尚象"的设计思想，使算盘设计具有"器以载道"的文化内涵，体现了中华民族实用与审美和谐共生的造物态度。算盘设计以其自身蕴含的逻辑性、创造性，以及对"尚象"设计思想的运用，传承和发扬了中华传统文化。将算盘设计中的传统造物观和民族特色融入中国当代产品设计中，具有重要的意义。

第一节 "制器尚象"观念

中国已经是制造业大国，但仅仅"中国制造"是不够的，现如今中国需要的是"中国创造"，而现阶段中国的本土设计已经被西方的设计思维左右，"西方设计"的印记越来越突显。怎样落实"中国创造"的问题也被更多的人提及，因此在吸纳西方优秀设计方法的同时，应该把重心放在挖掘中国本土的传统设计理念、设计文化，并与时下流行相结合。对传统文化取精华去糟粕，重拾本土文化内涵，以便创造出真正能够体现"中国创造"的器物，如此中国设计才能在设计界占有一席之地。

"制器尚象"设计思想来源于《周易》，不少学者都认为中国传统造物设计以象形寓意方法为主的创作模式与这种设计思想的流行不无关系。简单来说，就是通过对自然界动植物的类比和象征手法，把器物的外形抽象化，进而获得一种图形概念，最终得出一种外形美观、富有思想深度的器物。随着社会现代化发展的加速，人类对何为美、何为设计有了新的认知，也提出了更符合时下流行趋势的需求，大众开始拒绝单调的工业化产品，希望看到更多注入民族内涵、文化与信仰的产品设计。中国古人在造物时一贯以"尚象"为思想准则。"尚象"思维可以理解为"象法天地"和"观物取象"下的设计思维，是天、地、人的整体思考状态，它是设计活动中的创意理念和思维方式。《易传》中写道："易有圣人之道四焉。以言者尚其辞，以动者尚其变，以制器者尚其象，以卜筮者尚其占。"圣人认为，"道"是在器物设计方面对物体外形进行摹写，并用一种抽象形态来象征所摹写的事物。"制器尚象"设计思想主张对一切外物模的形进行模仿，将器物的形体抽象升华为一种象征，一种概念符号，把人与自然联系起来，而"器"也顺理成章地成了"道"的载体。

学者们根据对以往文献的研究认为，"尚象"的第一个层次是"观物取象"，因为人无法凭空造物，造物的过程其实就是不断观察世界的过程。造物时以对世间万物造型的观测为基准点，进而获得造物时的思路。有了造物时的基础造型，接下来需要表达的则是器物所含的"意象"，这是一种人类利用抽象手法改造世界中已知事物的创造性活动。"观物"到"取象"的过程就是从单纯的模仿进化到对自然物进行抽象化的活动的过程。

　　"象形取意"则是造型的第二层次。从字面上看，"象形取意"就是根据造型，来发掘其中的文化内涵，这是取象后的自主创造。此象与物象之间，有象拟的关系。传统文化中人的最高境界就是"天人合一"的状态。《考工记》提出了"天时、地气、材美、工巧"的说法，指导人类在造物时要顺应宇宙秩序与自然规律，也就是顺应"天时""地气""万事万物"等。再就是要顺应材料自身的特性，《考工记》中的"审曲面势"也说明了这一点。"天人合一"的说法虽然源于道教，但是其反映的思想和"制器尚象"的思想不谋而合。同时《考工记》主张在造物时放宽思路，不仅不要拘泥于客观事实，反而可以将客观事实和人们的想象有机结合。例如现代设计中常见的同类元素间的相互搭配与异类元素的拼接组合。把看似不同的事物或形态综合成一种更生动、更完整的意象图形。人们对于器物的内涵，也就是"意象"的理解不是一蹴而就的，同理，"观物取象"思想指导下得到创造性思维也有着不同的发展阶段和层次。

　　"象"着力反映的内容往往也随着社会结构的变化，人类理解能力的不断进步而变化。一般认为"象"即象、象理与象德。象的形既可以是自然界中存在的形，也可以是人造物的形，是反映物的外在；象理一般指常见自然秩序，也可以指器物中所蕴含的哲理，也可以衍生至造物的思维方法；象德一般指超乎常人理解的宇宙运动规律。这种阶梯状上升的认知反映了古人制器时观念的改观。

"制器尚象"是中国传统设计思想，从《易传·系辞传上》中可知古人对于道的理解在造物方面表现为"尚象"，即通过对自然中"物"的模仿，运用类比和象征手法，赋予产品有意味的"意"，最终达到器以载道的文化内涵。"器"也变成了"道"的载体。通俗一点来讲，设计是一个发现问题并解决问题的过程，同时也是一个富有创造性的造物活动，要以系统化的视角去看待造物，赋予产品"有意味的形式"，也就是"道"，从而满足消费者的精神诉求，而不是执着于特定的造型、作用与含义。"道"是中国特有的哲学思想，其中的"天人合一"和"尚象"的理念不谋而合。"天人合一"是中国古人所追求的一种与自然和谐统一的内在思想，"人法地，地法天，天法道，道法自然"。

古人认为"道"是一种形而上的存在，是终极的规律，人只能通过自己的知识和经验去理解和顺应宇宙自然的运行规律，在此基础上对自然界、自然物进行改造和加工，最终达到和谐共处、健康发展的目的。"制器尚象"中"象"的确切含义一般被认为有三个层次：尚物象、尚意象、尚道象。

1. 尚物象

尚物象即"观物取象"，通过"观物"的方式提取所观察物体的造型，这里的"物"可为自然物，也可以是人工造物，但不单单是对物体外形单纯的模仿，更多的是以观物者的思考为出发点，抽象所观察的物体，进而得出设计思路。无论是工匠制器还是艺术创作，观物取象都是常见的设计和创作方式，是一种对于万物和人类自我的审视。

2. 尚意象

尚意象即"象形取意"，古人认为当完成了"观物取象"的阶段后，就来到了"象形取意"的阶段。如果说造物的第一层次是"观物取象"，那么造物的第二层次就是"象形取意"。在造物时摆脱观察物的"象"的束缚进而进行意识层面的创作，但是这并不是说完全脱离物体的"象"，而是从"象"中提取"意"，在"象"的基础上进行再创作，赋予所创作的物体一定的文化内涵和象征寓意，也就是古人所说的"外师造化，中得心源"。

3. 尚道象

道，是中国独有的哲学思想。古人认为"道"是宇宙万物的基始，是永恒的、形而上的存在。"道"，一是指宇宙万物产生和发展的总根源，这是中国哲学的核心；二是指自然规律；三是指人类社会的一种规则与法则。"道"不同于一般的"有"，也不同于一般的"无"，它既有"有"的一面，又有"无"的一面，道是"有"与"无"以及一切万事万物的统一，是古人心中的辩证法。而尚道象正是在造物时运用哲学思维、社会和美学规律进行造物的方法。从对自然的模仿，到对造物传统、造物文化的模仿，呈现在世人眼前的是一种基于文化视角下的创造性造物理念，一种设计能力和审美情趣由低级到高级的螺旋上升的过程。由这种理念孕育出的器物虽然外观是仿象、仿形，但是在模仿的基础上融入了理和德，也就是"器以载道"的文化内涵。自此，中国的器物便在以往日用性和装饰性的基础上演化出了象征性，即"制器尚象"。

第二节　算盘的发展过程

古希腊著名哲学家柏拉图曾经说过："没有任何一门学问的学习能力，能像学习算数那样强有力地涉及国内的经济、政治和艺术。"算盘是中国传统的计算工具，是我国古代劳动人民的科学发明，在其发展和使用过程中更是慢慢形成了它独特的历史与文化特色。它由古代早期计算工具"筹"演变而来，远在宋元时期便可见算盘使用的记载，明代算盘被广泛使用，并逐渐替代其他计算工具，成为中国最主要的计算工具，并于后来慢慢发展出了实用算盘、民俗工艺算盘两大类。英国学者李约瑟称"算盘是中国的第五大发明"，与其他四大发明并列为中华文明的象征，可谓中国的国粹，在世界各国的科学发明中独树一帜。算盘刚出现时并不是今天这个样子，我们如今看到的算盘在结构和造型方面有一个演变的过程。

"珠算"最早见于东汉学者徐岳所撰写的《数术记遗》，书中记载了计数方法中的"珠算"，并附注解说明：

"刻板为三分，其上下两分，以停游珠，中间一分以定算位。位各五珠，上一珠与下四珠色别。其上别色之珠当五，其下四珠，珠各当一。"这时候这种计算工具只能称为"游珠算板"，而非"穿珠算盘"。《鲁班木经》写于15世纪的永乐末年，内含制造算盘的规格："算盘式：一尺二寸长，四寸二分大，框六分厚，九分大，起碗低。线上二子，一寸一分，线下五子，三寸一分，长短大小，看子而做。"由此可见《鲁班木经》中算盘以一根绳分割为上下两部分，并没有出现横梁这一结构。15世纪中后期，由柯尚迁所编著的《数学通轨》中绘有一张13档的算盘图，被称为"初定算盘图式"，上二珠与下五珠之间用木质横梁隔开，与现代算盘较为相似，这种算盘出现在1578年前后。

1592年，程大位撰写的《直指算法统宗》中绘有算盘插图，为15档7珠算盘，上珠下珠之间以横梁分隔，且横梁上有计数单位，已经和现在的算盘区别不大了。纵观算盘的发展演变，第一步以"算珠"代替了"竹筹"，不仅使计算工具更加简单实用，而且开创了计算工具以"珠"为主的新领域，之后的算盘设计基本上沿袭了这一思路。第二步以"穿珠算盘"代替"游珠算盘"，这又是算盘进化史上的一大进步，以档固定算珠，以木框固定档，造型已经初见雏形。在此之后是用横梁替代线绳将算盘分为上、下两栏，也就是我们现代所熟悉的算盘的造型。横梁的使用不仅加固了算盘的框架，并且拓展了算盘的使用功能。现如今算盘已经深入人们生活的方方面面，成为中华文化的一大象征，是中国造物设计文化中不可或缺的宝贵遗产，承载着国人的一种精神与文化。虽然人们的生活方式、政治经济，甚至民俗文化在不同的历史时期呈现出不大相同的样貌，但算盘的种类和造型大致上维持了原貌，为日后研究造物设计、文化思想提供了保障。

算盘作为中国乃至亚洲标志性的计算工具，现已成为我国计算史中富有重要意义的一座里程碑，并凭借本身独有的"二元示数"的特性，彰显着中华文化对世界文明不可磨灭的贡献，同时也让世界看到了我国古代劳动人民伟大的智慧。

"制器尚象"设计思想同样是让现代人也啧啧称奇的设计理念，其中蕴含的"天人合一"的观念体现了我国古人对人与自然的思考，即和谐统一的思想。以"在天成象，在地成形"为思想准则，反映了古人对宇宙的崇拜和敬畏，进而产生了各式美观的螺旋涡纹设计图样。

而在造物设计的方法和思路上，这种设计思想体现出的是一种"观物取象""象法天地"的"尚象"设计观。对"尚象"设计观的理解和把握有助于设计师从生活中汲取灵感，并且在所设计的器物中融入自己对形态、美和设计的思考，同时也能通过解构主义的方式对现如今出色的器物设计加以理解，进而改良出更加实用和精美的器物设计。这对设计师从生活中发现问题、解决问题有直接的指导意义。

"制器尚象"设计思想在算盘设计中的作用和意义有以下两方面：

在"制器尚象"设计思想影响下的算盘，不但在功能上是当时杰出的计算工具，更是让世人改变了中国古代科学是经验科学、抽象思维少的认知。算盘的发明从一个方面反映了我国古代科学也有较好的抽象思维，把各种度量衡较复杂的运算抽象为算盘这种计算模式，这是我国古人抽象思维的例证。

在象征意义上，"算盘一响，黄金万两"的谚语，表明了算盘在古代已经被赋予了财富的属性，是"象形取意"的体现。算盘在传统经济社会中扮演着重要的角色，是商品交易中不可或缺的器物，一般的店铺柜台都备有算盘，也是商人的必备之物，可以说算盘是传统商业文化的一部分，是农耕社会经济生活的载体，俨然成了商品贸易和价值利润的象征符号。

从以上两点分析可以得出，"制器尚象"的设计思想对算盘的发展演变有着重要的意义，一定程度上引导了算盘的发展方向和象征含义。"制器尚象"的设计思想让算盘成了中国计算工具最杰出的代言人，也通过算盘完美地体现了中国的文化、社会风气和中国人多方面的性格。中国人的勤劳、质朴，但又精打细算的特点被表现得淋漓尽致。

第三节　算盘中"制器尚象"设计思想的表现

　　算盘，这件由我国劳动人民的智慧凝结而成的古老计算器，在民间被广泛使用，并在农耕经济中占统治地位，其独特的设计思路和中国传统造物文化一脉相承。算盘的功能、造型、文化内涵以及其在民俗中的寓意处处体现出我国古人在造物时富有创造性、逻辑性的思维和无处不在的对于"尚象"设计思想的运用。

　　从算筹到算盘经历了漫长的发展历程，但是无论其造型如何变化，在造物时始终体现出了一种"尚象"的文化，即对于自然物或人造物进行学习、吸收的"观物取象"，以及赋予所造之物文化意味的"象形取意"。算盘的设计已经不单单是一种生产生活的需求，更多的是对文化的体现，是中国民俗发展进程的小小缩影。自明代之后，随着算盘逐渐普及，民俗文化中出现了众多与算盘相关的谜语、俗语、歇后语，如文学名著《红楼梦》中贾迎春所提的谜语："天运人功理不穷，有功无运也难逢。因何整日纷纷乱？只为阴阳数不同。"尽管谜语晦涩难懂，但是结合小说的悲剧性背景，就显得十分深沉而厚重，赋予算盘丰富的文化寓意。俗语方面，有改编自南宋数学家杨辉的《乘除通变算宝》中的口诀，例如"二一添作五""三下五除二""不管三七二十一"等。算盘的设计兼并了美学和逻辑学，并结合了中国古典传统设计理念，使其不但是合格的日常用具，更是与传统文化紧密相连的艺术品，是中华民族文化与精神的载体。

一、算盘设计中的"尚物象"

算盘在我国经历了几个世纪的发展，呈现在世人面前的算盘造型极为丰富，有的操作简易功能实用，有的则在造型上别出心裁。不过其内部结构皆由梁、档、珠组成。档：功能多为穿珠所用，一般为竹质，竹档圆径与算珠的圆孔大小相适宜，使得计算时拨动算珠灵活方便。有的算盘中间一档为铜质，且孔径相比竹质档空径较大，铜质档一方面可用于加固木框，由于中间一档的使用频率最高，所以可以提高耐用性；另一方面，置于中间的铜质档有助于计算时的定位。珠：算珠是算盘的关键部件，是算盘操作的最直接展示界面。计算时，操作者以手指按特定手势拨动算珠，手指接触算珠的球形侧面非常易于拨动，手感顺滑，而且长期使用不易磨损。梁：横梁主要用于固定档和木框，一般与底部预留 0.5 厘米的空间，用于在框上打槽和安装底板。横梁结构采用斜肩夹角榫卯结构与框结合，设计精致的横梁两边镶有铜包皮，美观又实用。

以经典的七珠算盘为例，此算盘为典型的长方形结构，四周为木质框架，木框内部上下穿孔来固定住 13 根竹档，每根竹档穿 7 粒算珠，中间用一根横梁把算盘分成两栏，上栏 2 粒算珠每珠当 5，下栏 5 粒算珠每珠当 1。各部件用榫卯结构连接固定，并且在四个角还安装了铜包角。首先"梁""档"是中国建筑和家具中常见的骨架结构，其次榫卯结构更是中国古代建筑家具中普遍使用的结构，原理是利用木构件上凸出的榫头与凹进去的卯眼，简单地咬合，便将木构件结合在一起，达到功能和结构的完美统一。其历史可以追溯到新石器时代的河姆渡遗址。而铜包角工艺则是明清家具传统的装饰工艺，在家具的边角镶饰铜质饰件，造型美观的同时又加固了结构，既实用又兼审美的功能。可以认为，算盘的演变和设计思路受到了中国传统建筑和家具设计理念极大的影响。从"观物取象"的角度来说，首先人们通过"观"的方式从建筑和家具结构中获得了实用、坚固和理性的感知。其次通过"取"的方法从建筑和家具中提炼出了以横梁加固木框，并且以榫卯结构连接各个部件的设计元素。这样的算盘不仅克服了原来泥盘不便携的特点，更加强了其耐用性。民间流传三则传统算盘谜，其一："两层楼房十三幢，竹头椽子木头墙。弟兄七人住一门，下层五个上层俩。"其二："弟兄七人同模样，大哥二哥在外乡。兄弟心想合一处，中间隔着一道墙。"其三："一宅分两院，两院人马多。多的比少的少，少的比多的多。"

这三则算盘谜语的内容同时提到了传统建筑元素，佐证了算盘结构是对人造物建筑的观物取象。《周易》中写道："上古结绳而治，后世圣人易以书契。""结绳而治"的意思是用给绳子打结的方式来记事或计数，这是远古生产力低下时期的计算方法之一，大事或者大数字打大结，小事或小数字打小结。这是古人在生产力极为低下时期对于算数方法较为低级的认知，后来古人开始使用细线穿连石子、贝壳、种子等自然物，可以理解为现代算珠是对当时自然物或人造物有目的性的观物取象和摹写。在这个时期，人对自然物的改造作用较小，更多的是迁就材料来满足功能。中国历史源远流长，算盘在中国人民的智慧和极富创造力的劳动中不断发展演变，使得在几个世纪以前中国人就已经给世界贡献了精巧而便携的计算机。古人常说

"格物致用"，即造物是有目的性的设计行为。古人在设计时以"尚物象"为出发点，很好地开拓了设计的思路和眼界，取万物之精华，最终给世人留下了一件件精美的艺术品，算盘在结构上的表现就是一个很好的例证。算盘通过自身的存在直接体现了产品与产品之间设计理念跨界的泛用性，并辅以多功能、实用性强、使用灵活的特点，完美地展现了"尚物象"设计理念对算盘发展的指导作用和其中蕴含的价值。

二、算盘设计中的"尚意象"

算盘在中国传统社会生活中扮演着重要角色，是商品买卖不可或缺的器物，从象征寓意上讲，算盘是中国传统社会商业文化的一部分，是农耕社会生活的载体。以实用算盘为例，从设计角度来说，实用算盘的外部轮廓一般呈规则的矩形，这种形态的设计除了满足便携、坚固、易于存放的需求外，矩形这种几何形体还会在视觉上给人一种理性的感知，孟子曰："不以规矩，无以成方圆。"这种外形赋予了算盘这一器物计算的严谨性和在农耕社会经济商品交易时的可靠性的象征寓意。从文化内涵上来说，算盘中横梁上栏 2 粒算珠每珠当 5，下栏 5 粒算珠每珠当 1 的设

计不禁让人联想到农耕社会天与地、君与臣、父与子之间
严格的尊卑关系，且算珠由右至左数值以 10 倍增加的特点
暗示了社会礼俗制度。大量古代书籍证明，凡有关社会礼
俗而用席位以区分尊卑、长幼、主客的身份时，很多时候
以"左右"示"尊卑"。这种制度不仅可用于社会礼俗，
也可用在事物等级和历代官序等方面。在我国古代的社会
礼俗中，除了以左右席位区分长幼和尊卑以外，"乘车"
"进门""升阶""就坐""安席""拱揖"，以及"入庙"
"下葬"等等，凡是和礼俗有关的都是尊左。不仅如此，在
中国古典朴素哲学思想中有两个对立面——阴和阳，山南
水北为阳，山北水南为阴。同样，方位也分阴阳。《礼记·
杂记》中写道："左为阳，阳，吉也。""右为阴，阴，丧
所尚也。"在中国本土文化中男女也以阴阳区分，在男尊女
卑的时代，左右分别与男女结合在一起，也就是常说的男
左女右，即尊左虚右。算盘身为商业活动的产物与载体，
被注入了当时的社会礼俗也是合情合理。可见算盘暗合了
古时社会中所推崇的"三纲五常"和"尊左"的礼制，同
时古时的社会礼俗也为算盘注入了文化内涵。不仅如此，
算盘木框四平八稳，横梁和框的结合特点为垂直的横"丁"
字形结合，在稳定的框架内又穿插着众多大小有序的算珠，
这一特点是农耕社会经济时期"人丁兴旺"和"多子多

福"传统思想的典型体现，种种"尚意象"的表现不胜枚举。

三、算盘设计中的"尚道象"

产品的形态是传达产品信息的重要元素，同时也是产品功能和审美的重要体现。东方设计的精髓在于对"禅"的理解，日本设计大师原研哉对于产品中"禅"的理解是：用最自然、最合适的方式来阐述设计。在设计风格上凸显出一种包容一切的本质特征，即"天人合一"或"和谐共生"，体现了强烈的东方哲学观。从形式美法则的角度来说，算盘简约流畅的外观设计、近乎无的装饰、质朴的色彩、自然的取材、方中带圆的几何体组合、方便实用的同时也传达出了"和谐"的哲学思想，很好地诠释了现代人对于东方哲学中"禅"的理解，即一种直觉、一种直指人心的简洁和对宁静和谐的追求。

从社会规律上来说，算盘的计算原理直接由算珠来决定，传统的算盘为上二下五的七珠算盘，不仅仅是七珠算盘体积合适，更重要的是根据我国古代"十进制"和"十六进制"的计数方法而确定的。"十进制"的位值制计数，任何数位上的数码都不大于 10，当该数值满 10，即向左进位。在我国古代度量衡制度中，自秦朝统一度量衡到清朝两千多年来，一直沿用 16 两为一斤的计重方法。算盘上上二下五的算珠正好满足"十六进制"的要求，上面两珠代表 10，下面五珠代表 5，上下珠合起来代表该数位超过 15，即向左进位。从美学角度来说，一般算盘的长宽比约为 2：1，上栏和下栏的比也约是 2：1，这些基本数字在比例上的调和基本符合"数的和谐就是美"的美学规律。1997 年，柳冠中在《工业设计学概论》中认为："设计美不同于自然美、艺术美，也不同于一般美学所延伸出来的局部分支；它不是平时我们所称的自然物质，更不是材料、色彩或风格，只属于审美活动的对象，仅是审美活动的起点。"而算盘的框架一般为简洁的直线形，被中间的横梁一分为二，横梁基本处于三分之一的分割位置，这使得算盘的平面形态更符合人们的视觉习惯，也符合设计美的概念。点状的算珠和线状的横梁与面状的框架形成了基本的点、线、面对比，而算珠由于在使用过程中的上下移动又为这一平面空间组合出不同的疏密结构变化。表面上看像是感性的视觉变化，但是其中包含的却是极其严谨的数字运算。算盘很好地体现出了自然美与设计美的结合。

四、算盘设计中"材美工巧"与"尚象"

《考工记》是我国第一部有关设计的理论著作，书中写道："天有时，地有气，材有美，工有巧，合此四者，然后为良。材美工巧，然而不良，则不时，不得地气也。"是说工巧的人能掌握天时的变化、地理环境的不同，利用上等的美材、精巧的工艺，制作出精美的器物。这是古人总结出的一种系统的设计观，这种系统的设计观是"天人合一"审美思想在我国设计领域最初的表达，与"制器尚象"的设计思想师出同门。其中的关键点就在"材有美""工有巧"和"器以载道"。材美方面，不同的材质赋予了产品不同的情感，材料本身的好坏也直接决定产品的优良。木头色彩柔和、坚固耐用而又朴实低调，给人温馨可靠的感觉。玉器缤纷的色彩、华丽的纹理、冰冷的触感又给人以高贵典雅的感觉。同时名贵的木制家具基本上取材自珍稀木种，而高档玉器自然也选择特种玉料。可见材料的选择在设计中占据举足轻重的地位，好的产品总是与合适的材料息息相关。工巧方面，"工有巧"就是巧妙的设计构思与设计手法，在确定了特定的材料之后，就必须考虑形态设计的重要性。清代著名诗人袁枚说："古诗云：'美食不如美器',斯语是也。"可见古人对于工艺的重视。古人认为,虽有良材而无良工则弗为也。即就算有天时、地气、材美,没有合适的设计方案,宁可将优秀的材料束之高阁,也不会随意动工。《考工记》中曾写道:"轸之方也,以象地也,盖之圜也,以象天也。"文字的下方附有一张传统文化中代表地形态的方形车厢和代表天形态的圆形车盖,这是"制器尚象"设计思想中"在天成象,在地成形"思想在具体产品中的一种体现,同时也是中国古代工匠对"天人合一"思想境界的一种向往。

五、算盘材美中的"尚物象""尚意象""尚道象"

在人类漫长的造物历史中,经常性有意或无意地发现、发明新的材料,通过对表面进行加工处理,得到材质独特的美感。可以说,产品美感的表现很大程度上依托于材质本身美感的表达,依赖材料的表现特点及其材料的相关特性,相同的产品通过不同的材质可以表达出不同的美感。康乾盛世时期,算盘在作为主流计算工具被使用的同时,也被赋予了一个全新的象征寓意——招财,人为地使用"尚意象"的手法赋予算盘这一计算工具与财富相关的属性,使算盘成为一种象征富贵的吉祥物。

在这种"尚象"思想的作用下，算盘材料的使用可以说是千姿百态，人们围绕着这个方子做足了文章。为求富贵，算盘的材料种类自然多了起来，材料除了前文提到的几种外，还有象牙、汉白玉、金、银、牛角、翡翠等。民间俗语中也常常能听到"金算盘""银算盘"这样由象征手法衍生而来的比喻，表现的是"精打细算""算进不算出"的财富观念。古时人们有的会将算盘悬挂在门、窗或书架上，寓意财源广进。甚至在姑娘出嫁时，算盘也会以嫁妆的形式出现，出现在嫁妆的"六证"中，以表达对新人幸福美满、生活富足的祝愿。在"尚象"思想的作用下，一座桥梁在有价值的材料和有价值的计算工具之间搭建了起来，材料赋予了算盘本身不具备的文化价值，甚至象征寓意，进而使算盘融进了民俗文化中。在材美的"尚物象"方面，中国传统器物之所以有别于西方器物，很大程度上仰仗了多样的材质选择和巧妙的肌理触感以及对优雅意境的追求，再加上对自然元素本身特色的合理保留，使得中国的传统器物富有诗情画意。上海著名收藏家陈宝定先生一生致力于算盘的收藏和保护，收藏的算盘达800多件，其中有方形游珠算盘、4米长160指的柜台算盘、八卦算盘，各式各样，古今中外。陈先生还藏有一件金刚子算盘，据说是无价之宝。这貌不惊人的金刚子算盘，其结构造型与一般算盘并没有多大的区别：红木材料的框和梁，框和梁之间由铜包角加固，算珠上二下五，圆竹珠杆更是司空见惯，很难引起参观者的关注。这件算盘价值连城的原因正是其算珠的材料——金刚子。金刚子的珍贵之处主要有三点：其一，金刚子生长的树木在我国分布极少，只有在海南省偏远的山野才能偶尔寻觅到一两株，其他地方还未有发现的踪迹；其二，古树每年结的果少之又少，不仅如此，金刚子的大小、形态都不相同（有调查显示，全国收集的金刚子数量都不一定能凑齐一件算盘，更别说陈先生那件有 91 珠的算盘）；其三，金刚子质地坚硬，一般的工具很难对其进行加工，想钻出一个孔径标准且光洁的孔费时又费力。但是工匠还是克服了种种困难，通过"观物"的方式得到了对金刚子这一自然元素最直观的认知和感受，直接取金刚子的"象"，并以最少的加工将此算盘独特的自然肌理和工具的实用性相结合。正是以上几点决定了此材料算盘的特殊价值。

在材美的"尚意象"方面，中国传统器物艺术是通过材料和形态的传达去表现出一定的趣味、氛围、美感或意境，以此来满足人们的审美需求。苏东坡说的"寓境于物"正是如此。意境、寓意，作为中国传统造物艺术突出的特质，显现在成器的创作中。中国传统器物十分重视材料本身的自然美，主张"理材"和"因材施艺"。

陶瓷是中国传统器物常用的材料，由于其本身质地坚硬，通透光洁，纹样寓意丰富，千百年来深受中国乃至全世界人们的喜爱。陶瓷作为中华文明重要的组成部分，在人类漫长的发展史中做出了卓越的贡献，中国历朝历代都有着不同技艺、不同艺术风格的陶瓷作品。景德镇的陶土优质名扬海内外，烧出的瓷器外观细腻，质地坚硬。泉州博物馆内就收藏有一件陶瓷算盘，名为清代景德镇窑青花婴戏瓷纹算盘，该算盘呈传统的长方形，长 290 毫米，宽 140 毫米，厚 30 毫米，重 1700 克。算盘的矩形外框内部穿有上二下五等数的陶瓷算珠。算盘由中部的陶瓷横梁分为上下两节，上珠每珠当 5，下珠每珠当 1。算盘内部的档为陶瓷制成，算珠可沿着瓷档上下滑动，兼具美观性和使用性。该算盘原本应该有 11 串 77 颗算珠，不过可惜的是右起第五排下端瓷档断残，只剩 3 颗算珠，现余 73 颗算珠。算盘通体施白釉，白地青花，青花色泽素雅，釉面晶莹剔透，胎质坚实、厚重，色泽白中透黄。算盘外框绘有青花纹样，一群身着蓝袍、后脑突出、额前一撮三角髻的小儿天真活泼、憨态可掬，在松树下玩耍，栩栩如生，令人过目难忘。在传统吉祥纹样文化中，瓷器上的婴戏纹饰图案的文化是丰富多彩的，值得文学家去探讨研究，其中蕴含的寓意，既有趋吉避凶，又有对未来的向往期待，也有对美好生活的憧憬。陶瓷算盘正是由于其本身算盘和陶瓷两种文化的有机结合而具有一加一大于二的文化价值。

对于材美的"尚道象"，《考工记》中提出的观点是"审曲面势"，意指要顺应材料的特点，理解材料的品性特征，进而因材施艺。人类的情感总是能在自然界找到相对应的类比关系，他们之间是相对应、相感同、相等同的，也就是《乐记》中所说的"万物之理，各依类而动"。对材美的追求也就等同于追求宇宙间美的规律和秩序，也就是"尚道象"。

六、算盘工巧中的"尚物象""尚意象""尚道象"

产品形态的加工制作即"工巧"，是传达产品自身信息的重要途径，也是体现其使用价值和审美价值的一扇窗口。产品形态有三方面的含义：一是视觉形态，产品传达出的美学属性，即"物象"；二是应用形态，产品传达出的使用属性，即"意象"；三是意识形态，产品传达出的精神属性，即"道象"。"制器尚象"设计思想中的"尚物象"对产品形态的影响尤为重要，算盘也在这种设计思想的影响下创造出了大量"不似而似"般的好的创意作品。在工巧的"尚物象"方面，针对造物而言，设计早期只是单纯为人类更好地生存而服务，满足生理需求和劳作需求。随着生产力的提高与资本的聚集，设计的目的也渐渐开始满足自我愿望的需求。对于算盘的造物活动而言，设计必须完成两项任务：一是算盘功能结构的改良设计，二是算盘本身造型的设计。对于《考工记》中提倡的造物造美并举而言，算盘的造型设计在满足功能要求的同时，有必要通过"尚象"思维整合"形"的手法对美进行追求，而其中的"尚物象"设计思维恰好为算盘的外形设计打开了一扇新的窗口。也就是说，在保证算盘的计算功能的前提下，添加了美学思维。虽然受时代、条件的限制，工艺局限于手工艺制作阶段，设计水平难以企及今天的高度，但是算盘形态中体现出的"用"与"美"相结合的设计思想，正是我国古代"尚象"思维中"应物图象形""以形写神"的高度概括。这种功能性与观赏性缺一不可的造物、造美思想，对今天工业设计的发展仍有鲜活的现实价值。在陈宝定先生的算盘博物馆中，藏有几件享有盛名的微型算盘，其中一件便是明末清初的水烟筒算盘。此算盘被两根金属链牵引，悬挂于水烟筒吸嘴和底部的烟筒之间。这件文物算盘通体使用黄铜精制，长度仅为20毫米，宽度仅为15毫米，算得上是名副其实的微型算盘了。但是麻雀虽小五脏俱全，

此算盘算珠上二下五，有 5 档，外形远观像极了一件罕见
的水烟筒挂件工艺品。另外一件是嵌于戒指表面的算盘，
通体为白银打造，为清代文物。算盘长 10 毫米、宽 5 毫
米，算盘上二下五，有 7 档，49 颗纯银算珠直径不足 1 毫
米。更令人啧啧称奇的地方在于，这 49 颗极小算珠的制作
工艺为标准规格，并非铁丝缠绕，用现代工具放大多倍也
很难发现瑕疵，而且这些算珠居然能够上下自由滑动进行
计算。但是由于其体积较小，所以在计算时手指很难派上
用场，一般使用钢针代替手指拨动算珠进行计算，通过一
段时间的摸索练习便能熟练掌握。如此细小的算盘，其使
用者也多是当时的仕女，需要计算的时候只要拿下发簪便
能进行操作。

在工巧的"尚意象"方面，安徽省黄山市珠算宗师程
大位之算盘博物馆中藏有一件清代圆算盘。算盘由内到外
的四道框和五十根档都为钢材，算珠则由红木制成。外框
直径为 318 毫米，每根档被算框按比例分为三个使用空间，
从内到外分别放置算珠 1 颗、4 颗、1 颗，均为圆珠形算
珠，共有 300 颗算珠。该算盘利用成熟的火弯工艺制成，
使得外框为整齐的正圆形，这在算盘中是比较少见的。圆
算盘特殊的形态自然有其独特的实用功能。首先，此算盘
内多达 50 档，可以轻松地进行数位超长的数学计算。其

次，直径318毫米的圆算盘可以轻松地使多人只用一件算盘进行同时运算。最后，除了实用功能外，依托其独特的形态，圆算盘还具有两项衍生功能：其一，算盘棋。这是一种利用算珠进行的智力博弈游戏，游戏者遵循特定的规则在算盘上进行。由于圆算盘独特的造型，可以让众多游戏者同时围桌游戏，供友人们于工作之余消遣娱乐，驱疲解乏。其二，富有象征意味的装饰品。可以将其悬挂于客厅、书房的墙壁上，寓意财源滚滚、君子爱财取之有道，圆算盘的圆更是象征着数字无穷无尽周而复始。

对于工巧的"尚道象"，《周易》中记载着"形而上者谓之道，形而下者谓之器"这么一句话。其中的"道"指的是道理、规律，也指人在不同的历史、环境下对宇宙万物的认知和理解。单独就"道"本身的含义来理解，无非就是人类社会中的规律和原则，而"道"和"器"之间的联系，也就是把人类自身对社会的规律、意识形态、思想原则的理解融入造物设计，特别是器物的形态设计中去。具有"道"的器物，往往能够凭借其在政治、经济、社会方面的影响力，在不知不觉中潜移默化地影响使用者的观念和感受，甚至改变使用者的生活习惯乃至生活方式，智能手机的发展就是一个很好的例子。对于我国传统文化中"道"的概念有以下几点解释：天之道，即自然规律。人之道，即社会规律。"天人合一"之道，即追求人与物共同升华，人与自然和谐共生的完美状态，"天之道"和"人之道"的统一，也是古人在制器时"器以载道"的最终目的。这种特殊的文化现象，蕴含着深刻的理性思考，体现出了一种人与物之间的关系。人在造物时赋予了物"人性"，又在造物活动中通过器物的"物性"明白了规律，加深了自身对于"道"的理解。东汉学者扬雄在《太玄图》中曾写道："错综其数，阴阳相配，乃消息相会之大法，遂定玄图之位。奇数为阳，偶数为阴，阴阳相感而算生焉。"算盘算珠上二下五，二为偶数，五为奇数，偶数为阳，奇数为阴。阴阳是一种典型的自然规律，而奇偶则是一种周期性的社会规律，其中体现着老子所说的"法自然"和"为道适从"的理论。"人性复归，天人合一"是我国古代哲学家们对于理想社会的追求，是一种人的主观意志和客观实践高度统一的境界。正如《百夫论》中所说的："百工折，以致用为本，以巧饰为末。"

算盘简洁质朴，无多余装饰，体现着古人对自然的尊重。人类自身生活质量不断提高的过程，也应当是人与自然关系不断和谐的过程，而不是为了一己私欲去浪费不必要的资源。

第四节　算盘"制器尚象"设计思想 与现代产品设计的联系

　　算盘中包含的"制器尚象"设计思想是我国传统的设计理论，而现代产品设计则是起源于工业革命后的西方，是依托于现代科学技术和工业化的制造业建立起来的，并获得了迅猛的发展。现代产品设计已经成为支持社会经济发展的中坚力量，无时无刻不影响着人们的审美观念和生活方式。"制器尚象"思想是一种遵循"在天成象，在地成形"的思想准则，在造物的设计思维和方法上是一种"象法天地""观物取象"的"尚象"设计观。近代西方产品语义学的宗旨是"通过研究人造物体在使用环境中的象征特性，从而将其中的知识应用于工业设计上"。两者都注意研究产品的象征性。所谓象征，指的是"借助具体的事物，其外形的特点和性质，表示某种抽象的概念和思想感情"。在中华传统文化中，象征性的寓意方法是造物活动中通用的艺术手法，也是艺术文化的重要特征。这是"制器尚象"设计思想与现代工业设计思想的共通点，也是将算盘设计思想运用在现代产品设计中的出发点。

一、现代产品设计中的"尚物象"

每个时代的产品设计体现着当时人们的价值取向和审美情趣，因此产品的外形不可避免地和当时的美学思想、文化背景息息相关，并且被赋予一定的象征意义。在算盘的设计中，对于自然物和人造物的模仿是必不可少的。前文曾提到，算盘的结构很大程度上来自传统家具和建筑中的结构。例如我国清代的"九层算盘"，该算盘外形尺寸长达600毫米，宽达400毫米，通体为木质结构。"九层算盘"初看像是9个大型算盘简单地堆叠，实则是内部分为可活动的九层巨大算盘，每层皆为标准且完整的上二下五24档算盘，算珠多达1512颗。此算盘当年在徽商手中应运而生，多放置在账房先生的桌上，每一层用来记录每个下属部门所报账目，最下一层就是各部门项目金额的汇总。依托于"九层算盘"这种特殊的层叠形态，不论是每日经营状况，还是每月营业额，都可以从"九层算盘"上获得快速且清晰的讯息，一目了然。这种记账的方式与现代办公软件分类检索的方式有异曲同工之妙。

在现代设计中也有类似的模仿手段——仿生设计。仿生设计是一种在对自然生物，包括动物、植物、微生物等所有具有典型的外部形态认知基础上，对产品形态寻求创新的一种设计方式。仿生设计的思路和"制器尚象"设计思想中的"观物取象"的理念是一致的，都是对现有自然物的造型作出分析，然后对其中蕴含的设计元素进行提取，才能形成具有象征性的优秀设计。保罗·汉宁森（Poul Henningsen）是丹麦作家、建筑师和评论家，他的PH系列灯具一直是经典设计的符号之一。PH系列灯具的核心就是把等角螺线的特性应用在灯罩的形状上，将光线导向正确的方向，以提高照明工具的效率。PH灯对于光线的反射和扩散，完全遵循照明工学的逻辑，它的灯泡钨丝置于等角螺线的焦点上，眩光不容易直接进入眼睛，只要别由下往上看，就不会觉得灯泡刺眼。由于不同瓦数的白炽灯泡的大小也不同，所以大部分的PH灯都可以调整灯泡的位置，好让光源正好落在螺线的中央。从"尚象"设计的角度来看，PH灯具的外观很容易让人联想到松果这种常见的植物，可以说PH灯具是对松果形态的一种摹写，象征着自然有生命力的有机形态。蛋椅，是丹麦著名设计师安恩·雅各布森（Arne Jacobsen）的代表产品，于1958年设计完成，当时是为哥本哈根皇家酒店的大厅以及接待区设计的。蛋椅设计给人一种新鲜感，外形美观别致，时尚简约，是个性化的经典家具，因为造型提取了蛋的球形元素，所以被命名为蛋椅。蛋椅按照人体工程学设计，人坐上去舒适、优雅而大方。弹性海绵均匀地填充进皮布的每一寸空间内，不仅使得外观圆滑可爱并且使椅子有着良好弹性，让坐感更加舒适。铝脚做过四星抛光，蛋椅可以 360 度旋转（带倾仰功能）。为了达到雅各布森的要求，铝合金脚和不锈钢脚都做了镜面效果抛光，在光线的照射下光亮照人，加上精心设计的椅脑与扶手，两边对称的结构设计，配上脚踏，座椅显得更具人性化。嘴唇沙发是西班牙艺术大师萨尔瓦多·达利（Salvador Dali）的作品，这把具有强烈的玛丽莲·梦露联想性与象征性，具有突出的萨尔瓦多·达利个人风格的疯狂创造性的作品，叫作博卡沙发或者"玛丽莲沙发"，问世以来就成了收藏的目标。这是一把在现代设计史中很具艺术倾向、走高端收藏路线的作品，很多艺术博物馆都收藏有这把沙发，作为一个时代的象征。

二、现代产品设计中的"尚意象"

不论是器物还是产品，作为人类活动的产物，不可避免地会被人类的情感影响甚至支配。在物质需求得以满足之后，人们自然会对产品的象征性提出更深层次的诉求，试图用设计来满足自身精神上的失落感。在算盘设计领域也有着不少淡化功能，强调象征性的代表作品，例如收藏于浙江省临海市国华算盘博物馆的青花瓷算盘。该算盘为观赏性或祭祀用算盘，陶瓷材质，共11档，上栏2珠，下栏5珠，长度在34厘米与25厘米之间，宽度在17厘米到18厘米之间，高9厘米左右，是典型的盒式算盘，下部两端设计有小抽屉，器身纹饰有麒麟、凤鸟、植物纹、青花纹，并饰有兽角浮雕纹饰。该算盘上四角为小角羊头饰，下四角为大角羊头饰，两侧抽屉的拉手也为羊头装饰。由于该算盘体积较重，使用颇为不便，所以一般用来观赏或祭祀。

同样的手法在产品设计方面也是屡见不鲜。产品造型方面，各种夺人眼球、个人风格强烈的作品打破了过去"实用至上"的原则。在材料方面，更注重挖掘材料本身的质感与造型相结合，以加强不同类型产品的象征性，如一提到身处寒冷地域的北欧国家的产品，往往能联想到有机形态的木质家具；一提到德国产品，给人的印象往往是精密的金属仪器；等等。外星人榨汁机是法国设计大师飞利浦·斯塔克（Phillip Stark）的代表作之一，被誉为前无古人、后无来者的经典设计，把整个工业史以及人类对生活的要求拉到一个新的层次。这款与阿莱西合作的榨汁机，其造型像极了一只巨大的银色蜘蛛或章鱼，但是被更多的人认为是影视作品中的外星人，也因此得了"外星人"的绰号。1990 年到 2001 年之间，有 55 万个外星人榨汁机被售出，此产品至今仍是设计专卖店中的经典之作。从造型来看，它简洁纯粹，搞怪又有趣，极富美感，不过实际操作则略显困难。针对这个问题，斯塔克曾解释说，有时候必须选择设计的目的，虽然它不能对榨果汁有很大的帮助，但是它能让你摆在桌上成为亲朋好友来访的话题。在某些时候，产品的象征所带来的附加值是大于产品本身的价值的，而这款榨汁机所包含的象征意义便是一种情感，一种荒诞而富有趣味的精神，这也是其成为情感化设计典范的原因所在。

"安娜"是红酒开瓶器诞生以来乃至所有开瓶器诞生以来划时代的产品，它由一向以创新闻名于世的意大利阿莱西生产，意大利设计巨匠亚历山德罗·门迪尼（Alessandro Mendini）设计。摆脱了以往开瓶器单调工业化的造型，转而采用了高度拟人化，易被年轻人接受的可爱造型，用高强度的工程塑料制成各式各样等色彩缤纷的长裙，脖子、脸与头发则用电镀不锈钢制成。在材料和色彩的完美结合下，给呆板的厨房用品指引了一条新的设计思路。可以说，"安娜"除了是一件产品外，更像是一件艺术品，在满足开瓶器本身的需求外，还给用户提供了情感上的关怀，增加了趣味性这种象征含义。

三、现代产品设计中的"尚道象"

关于现代产品设计中的"尚道象"，前文中曾提到，"道"是一种人类社会中的规律。在成器过程中，不论是重点表现外在仿生造型的仿生器，还是重点表现内在抽象观念的观念器，都有一个共同点，那就是对于美的规律的认识和理解。不论是什么样的思想流派和美学观念，最终都将以富于美学的形式体现在产品或器物之上。掌握了这种美的规律便是掌握了现代产品中的"道"。

算盘已经陪伴了中国人几千年，直到今天还时不时被提起，证明算盘中所蕴含的"道"和中国人心中对于"道"的理解是相对应的。反映在造物活动中，"道"就是对客观规律或现象的思考与感悟，或者是从器物中反映出的由造物者倾注的情感或愿望。"得道"自古以来是中国人的一个愿望，反映在造物活动中的"得道"更体现了一种生命运动的永恒，把主观意志从脆弱的肉体中剥离，注入长存的器物中以传后世。"器"以承载"道"的方式，实现了人与宇宙的交流，过去与未来的对话，还有生命终极价值的实现。也就是说，对传统文化的应用和传承不能简单地停留在元素、造型等表面层次上，也不能一味地追求"复古""中国风"，如果只是外观上的纯粹拷贝或简单挪用甚至生搬硬套，并不是我们意图得到的文化与产品的契合点。

无印良品（MUJI）创始于日本，是世界知名的杂货品牌，虽然极力淡化品牌意识，但在遵循着统一设计理念之下所生产出来的产品无时无刻不在诠释着"无印良品"的品牌形象，它所倡导的自然、简约、质朴的生活方式也受到越来越多现代人的推崇。极简是无印良品最大的设计特点，除了商标之外省去了一切不必要的设计，不必要的加工和颜色，甚至连商标都没有，留给用户的只有产品的外形与功能。正如深泽直人在无印良品的纽约开店发布会上说的："我真的很想跟你们分享无印良品，虽然它有点害羞。"这种由极简带来的美，体现着东方式的哲学，独守着一份超然和泰然，坐拥着一份禅意与自得。

中国设计师贾伟的倒流香产品"高山流水"也是反映了"道"的优秀现代产品，体现了东方禅意文化与现代设计理念相融合的可能性。产品采用道旁石般的天然形态，色泽朴素而不失凝重，虽是人工造物却处处都体现着融于流动线条中的自然之美。主张与自然和谐共处，拒绝污染浪费的绿色设计也是"尚道象"中"天人合一"思想的一种体现。绿色设计强调"3R"原则，即 reduce（降低能耗）、reuse（重复利用）、recycle（循环使用）。这在污染严重的情况下是有非常必要的意义的。在降低能耗方面，垂直风力发电机是一个具有代表性的设计。相比传统的大扇叶风力发电机，垂直风力发电机更加灵活小巧，可以安装在环境复杂的城市区域。单有一个可移动部件的特殊结构可以有效地降低风扇转动时发出的噪声，并且封闭性良好，便于日常的维护；材料上，叶片、支撑杆、转矩杆都采用了时下流行的碳纤维，轻便坚固。

在减少浪费和重复利用的方面，纸质 U 盘是一个很好的范例。这种 U 盘的主体选用废旧的报纸，经过特殊工艺加工而成，很好地实现了减少污染和降低资源消耗的问题。

算盘是中国传统器具之一，其外观简洁、使用方便、功能多样、工艺精巧，彰显了中国传统器具设计的文化和特征，同时还见证了中国历史文明发展的历程。本章笔者基于中国传统设计思想理论中的"制器尚象"，以及对"制器尚象"的构成要素进行分析，并且结合中华传统文化理论，从各角度分析了算盘中所蕴含的"制器尚象"设计思想以及相关设计要素的表现特征。

首先，探讨"制器尚象"设计思想及其各构成要素。

算盘集自然科学、文化教育、美学观念于一体，体现着我国古人对于抽象思维、复杂度量衡之间计算的理解。在日常生活中，算盘承担着计算工具的职能；在器物研究的角度，算盘是国人的精神与文化的载体。因此，中国传统设计思想与算盘设计是相互关联不可分割的，算盘设计传承了传统造物思想中"尚象"的特征，并加以传统文化熏陶，进一步加深了二者之间的联系。

其次，算盘设计中的"尚象"设计思想产生的原因之一是算盘独特的文化及特定社会的环境。笔者通过对中国富有代表性的计算工具——算盘进行分析研究，研究其独特的文化价值、造型装饰。通过研究分析从而总结出算盘对现代设计的启示，从而衔接现代技术与传统工艺，将实用性和美观性有机结合，并且为当代的产品设计提供一定的理论依据。

最后，算盘是中国传统器具，其身上结合了民俗文化、古朴的造物观和审美观。通过研究算盘设计的取材、形态、装饰、工艺和算盘与传统造物文化中"制器尚象"的关联，总结出算盘的设计特色，提高人们对设计的审美能力，并为当代产品设计提供理论基础，传承和发扬中华传统文化，使得当代产品设计更具文化精神。像这样典型的传统器具，在中国历史上还有很多，需要我们不断地去挖掘和探索，将传统的造物观念、人文精神一直延续下去，以此来促进中国自主设计的发展。

如今科学技术高速发展，工业制品特有的冰冷感正渐渐拉开人与自然的距离。算盘这种以传统材料制作的器物，散发出亲近自然的质朴之感，给予现代人追思过去的途径。但是，中国设计要想发展出自己的风格，还需要对传统造物与传统设计思想进行更深入、广阔的研究。

第三章　算盘与商业

　　算盘作为商业经济活动中的计算工具，在我国已经使用了 2000 多年。如今仍以其构造简单、价廉耐用、节能环保、使用方便、运算迅速的优点被广泛使用。笔者认为，算盘具有旺盛的生命力，它将与电子计算机长期并存，并以其特有的教育功能备受世人推崇。

　　我国商人使用算盘历史悠久。算盘的发明在中国史书上没有记载，但在民间流传的有关算盘的故事是在 2000 年前。越王勾践战败后献美女西施于吴王，由范蠡令其学习歌舞弹唱。暇时，西施为了帮助范蠡理财，用黄泥捏珠穿于绳上，以木框固之，用于计算。这就是世界上最早的算盘雏形。范蠡帮助越王勾践打败吴王后乘扁舟浮于江湖，几度改名易姓，在齐国为鸱夷子皮，到陶又改名陶朱公，史书上称：故善治生者，能择人而任时。十九年之中三致千金，再分散与贫交疏昆弟。范蠡留给后代的是他经商经验的总结——"经商十八法"。历代中国商人都十分崇拜范蠡，称商业为陶朱事业。范蠡改进了算盘，并把学习运用算盘作为经商必会的技术。算盘亦成为中国商人独特的计算工具而世代相传。

在长期的实践中，商人将范蠡传下来的计算工具改成不同材质、统一结构的算盘。东汉徐岳撰写的《数术记遗》中有珠算之说，说明在秦汉之时中国商人已普遍使用算盘。算盘结构简单，周为木框，内贯直柱，俗称"档"。根据需要，档可多可少，一般从 9 档至 17 档为常用。档中横为梁，梁上 2 珠，每珠作数 5，梁下 5 珠，每珠作数 1。运算时定位后拨珠计算。算盘的算理异常恢宏：一个 17 档的 7 珠算盘，清盘后，从零开始，以最快的拨珠手法，将珠以"一"逐珠进位，全部进完，需要 5280 余万年。所以国外有人称算盘是"东方的魔珠"。算盘和珠算是我们中华民族灿烂文化中的瑰宝。

第一节　晋商与珠算

　　自古晋人善商。山西人经商历史悠久，自春秋到宋、辽、金、元，史书都有记载。到明朝，山西商人已经是国内三大商帮（晋帮、徽帮、潮帮）之首。世界经济史学界把晋商与威尼斯商人、犹太商人相提并论，并给予高度评价。晋商活动区域遍及国内各地。曾有人说，凡是有麻雀的地方就有晋商。晋商雄踞中华，饮誉欧亚，中外瞩目，其资本之雄厚，活动区域之广阔，活跃时间之长久，在世界史上独领风骚。

　　有商业的地方就离不开算盘，有交换就有珠算。珠算作为中华传统文化的代表和精髓，已经成为中华民族悠久历史和灿烂文明的宝贵见证物。珠算的历史承载了中华文化的历史，凝聚了晋商厚重的商业渊源。探究珠算文化与晋商文化的内在关系，它们二者应该是相辅相成的。晋商的崛起与发展离不开珠算，而晋商文化的不断发展与壮大促进了珠算的普及和发展，让珠算走向了全世界。

一、珠算在晋商中的商用功能

通常意义的晋商指明清 500 多年间（公元 1368 年到公元 1912 年）的山西商人，晋商经营盐业、票号等，尤其以票号最为出名。晋商也为中国留下了丰富的建筑遗产，如著名的乔家大院、常家庄园、李家大院、王家大院、渠家大院、曹家三多堂等。八国联军向中国索要赔款，慈禧太后掌权的清政府就向晋商的乔家借钱还国债。晋商的经济实力，可以从这个事情反映出来。晋商成功的根源在于诚信和团结的商帮政策，这也体现了商业珠算的精髓内涵。

早期商人常年漂泊在外打拼创业，由行商发展到专事金融票号，积累了一定的资金后，算盘更是商人的必备之物。算盘除了日常算账的功能，在商人手中常用来比喻精打细算，毫厘不差。"神机妙算天下事，胜负得失寸心知"，说的就是珠算与晋商的密切关系。算盘是商品交换必不可少的工具，晋商以算盘为武器闯荡市场开拓财路。

山西人有丰富的经商经验，特别是"学而优则商"之民风更为世人皆知。"少而读，长而商，荣而归"乃晋商之追求。晋商之"少而读"是识文断字、学习文化，其中有一项必不可少的学问，那就是学算。学算首先是学打算盘，练习各种古题、传统歌诀等。练算盘应是最有传统的。算盘是各大票号、商铺中的必备之物，晋商子弟学习经商是从学习算盘开始的，有文章描述了他们学习算盘、学习经商的艰难情景："一到天黑，停业了，晚饭后噼里啪啦的算盘声，从南门到北门，从东门到西门，小街巷、大买卖、大字号都响起来了。"开始是算账，之后就是学习珠算。晚上是商人们学习的固定时间，这响声每晚要持续两三个小时。有句俗话叫"买卖人脯子头常挂着算盘子"，用来形容商人的精明，也说明生意场上离不开算盘。

晋商创造了两大丰碑，一是万里茶道的茶叶对外贸易，二是汇通天下的票号金融业。不管是茶道还是票号，珠算的普及是100%的。随着经营规模的扩大、管理水平的提高和财务制度的创新，珠算在晋商中的商用功能达到历史的高峰。算盘体现着晋商始终诚实守信、永恒不变的传统。

最大的算盘叫"通柜算盘"，长6米，有227个档位，1598颗珠子，可供12个人同时打。为什么要做这么长呢？一种说法是每逢结账，掌柜报数，伙计们同时打，如得数一样，就不用再复核；另一种说法是为了方便，柜有多长，算盘就做多长，伙计们算账方便，不论站在哪个位置都可以伸手就打。除了大算盘，还有指甲大的小算盘，铁的、金的、银的、陶瓷的，有宫殿形式的，也有在刀上镶着的算盘，有八卦算盘、圆形算盘，等等，每一款算盘都诉说着一段悠久的历史，同时连接着古代海内外的商业交流。

二、珠算是晋商财富的象征

明清晋商之发达，珠算之普及，算盘之多样化使计算不断发达，珠算也被赋予了更为深刻的历史底蕴与文化内涵。"算盘一响，黄金万两。"珠算为晋商带来了滚滚财源，作为珠算的载体——算盘，与其说是一个计算工具，倒不如说它是晋商的宝物，它的意义是深远而吉祥的。我们在珠算博物馆可以看到各种各样的算盘，有圆形的算盘，算盘是圆的，算珠也是圆的，在风水学里，圆的物体有消除煞气的力量，也有"圆满"的含义；有陪嫁算盘，寓意招财进宝；有小型的挂件算盘，可以随身携带，寓意财源广进；有镖师走镖时刀上带的小算盘，既可以随时算账，也有"诚信"之意。

在民间，常会听到"金算盘""铁算盘"之类的比喻，形容的也多是"算进不算出"的精明。同时，算盘也预示着源源不断的钱财从四面八方而来。

三、晋商促进了珠算的普及发展

明代吴敬编著的《九章算法比类大全》是明代前期的算书。该书结合当时实际应用的问题，包括商品交换、合伙经营、利息计算、就物抽分（以货物作价抵偿费用）等。该书主要介绍筹算法，但也提到算盘。在中国历史上，特别是在明代，重科举，重功名，习文尚武，独轻数学。善诗文又善数学的人不多，而专攻数学的则更是寥寥无几，于是数学只能是"能诗文而不猎取功名者"为之了。数学巨匠王文素则应该是这类人中之佼佼者了。他以一生之精力，完成了《新集通证古今算学宝鉴》这一数学巨著，为后人留下了宝贵的财富。而王文素，他首先是一名晋商，青年时曾商游四方，收集古算，潜心研究，为后来著书立说打下了坚实的基础。

明代商人程大位，为珠算发明家。少年时，他读书极为广博，对书法和数学颇感兴趣，一生没有做过官。20 岁起便在长江中、下游一带经商。因商业计算的需要，他随时留心数学，遍访名师，搜集很多数学书籍，刻苦钻研，时有心得。约 40 岁时回家，专心研究，参考各家学说，加上自己的见解，于 60 岁时完成其杰作《直指算法统宗》

（简称《算法统宗》）。李俨指出："在中国古代数学发展过程中，《算法统宗》是一部十分重要的著作。从流传的长久以及广泛和深入来讲，那时任何其他数学著作不能相比的。"明末，该书被日本人毛利重能带回日本，译成日文，开日本"和算"之先河。

明代的珠算随着商业的发展到达了鼎盛。随着算盘的普遍使用，前辈们总结出来各种算理、算法和口诀，这些计算口诀使计算的速度更快了。当时用算盘计算的方法已经叫作珠算，珠算不但能进行加减乘除的运算，还能计算土地面积和各种形状东西的大小。明代的几位算术家有许多经验总结和著作。比如吴敬的《九章算法比类大全》、王文素的《新集通证古今算学宝鉴》以及程大位的《算法统宗》等，珠算的应用领域由商贸到科研，有了开拓和发展。

明代规范珠算法的中心思想是提高机械化程度，尽可能达到不假思索地拨珠得数的目的。明代完善的珠算机械化算法的直接结果，就是使珠算达到空前的普及。

张勇在《晋商的两权分离对我国国有企业的启示》一文中写道："山西商人不仅垄断了中国北方贸易和资金调度，而且插足于整个亚洲地区，甚至把触角伸向欧洲市场。"晋商到全国各地乃至海外做生意，珠算也就被带到了全国各地乃至全世界。总之，珠算成就了一代代晋商，而晋商又推动了珠算的发展和普及。晋商文化对现代工商管理的改革和创新有积极的意义，而珠算发展到珠心算，它的计算、教育功能，尤其是开发儿童智力的启智功能意义重大。

第二节　巨人的肩膀——王文素

1937 年，数学史专家李俨在其著作《中国算学史》中说："近世期算学，自明初至清初，约当 1367 年迄 1750 年，前后凡四百年。此期算学虽继承宋金元之盛，以公家考试制度，久以废止，民间算学大师，又继起无人，是称中算沉寂时期。"

1964 年，数学史专家钱宝琮在其著作《中国数学史》中说："明代中叶以后出版了很多商人所写的珠算读本。这些珠算书中虽保存了一些《九章算术》问题，对比较高深的宋、元数学只能付之阙如。中国古代传统数学到明代几乎失传……"

1980 年，梁宗巨在《世界数学史简编》中更是说："自古以来，我国就是一个数学的先进国家……但是朱世杰之后，我国数学突然出现中断的现象，从朱世杰到明程大位的三个世纪，没有重要的创作。"

几位数学家的著述似乎揭示了一个明显的事实：明朝

在数学领域没有值得称道的建树。事实上，类似的情况不仅仅发生在数学领域，而是几乎出现在所有的科技领域。

何以如此？

接下来，我们从一个人和一本书说起，来揭开一段不为人知的秘密。

一、失落的经典

1935 年，北京图书馆在旧书肆中发现《新集通证古今算学宝鉴》（下简称《算学宝鉴》）手抄本，遂购回收藏。

《算学宝鉴》，王文素著，完成于明嘉靖三年（1524年）。全书分 12 册 42 卷，近 50 万字。其自成书后，"四百年间未见各收藏家及公私书目著录"。

今天人们才得以知晓，王文素的这部作品，开创了数学史上的诸多先河，例如，把数学算法与算盘这一当时最先进的计算工具结合；发明并最早应用奠定微积分基础的"导数"；"复增乘除图草，定位式样，开方演段，捷径成术"；"悬空定位无影踪，带从开方有正翻"在学术与算法方面有进一步发展；继承自前代的一元高次方程数值解法及天元术、四元术，在术语名词、演算程序上较之前都有所发展创新。这部作品重现人间，以最有力的方式回击了

"中国古代传统数学到明代几乎失传"的观点。

然而直到今天，中国数学研究者对《算学宝鉴》的研究还多半停留在珠算著作的领域内，其对现代数学发展的重要意义与华夏数千年传承发展的数学思想，还有待深入发现。

与失而复得的《天工开物》一样，《算学宝鉴》在成书400多年后重见天日，其多舛的命运背后，有时代的背景，更有邪恶之手的操纵。

王文素在《算学宝鉴·自序》中痛心于时人对数学不够重视："是乃普天之下，公私之间，不可一日而阙者也……夫上古圣贤犹且重之，况今之常人岂可以为六艺之天而忽之乎！"

徐光启也说："算数之学特废于近世数百年间尔！废之缘有二，其一为名理之儒，土苴天下之实事；其二为妖妄之术，谬言数有神理。"

可见，明代人心火旺盛，迂阔空谈的务虚之风让许多经世致用的实际学问难以落地，以致诸多科技成果止步于唇舌之间，消逝于尘蠹颓壁之中。

然而，相对于清朝的文字狱等政策，明人不着边际地放飞自我所造成的文明断绝简直是小巫见大巫。宋应星兄长的作品因有反清思想，《天工开物》惨遭株连之祸，在神州大地无一存世，直至在日本发现遗存。

《算学宝鉴》400多年的流落民间的遭遇，代表了整个华夏科技文化成果的悲惨命运，这中间，不知道有多少《算学宝鉴》、有多少《天工开物》消失在清朝焚书的烈焰之中，又有多少典籍因为教育断档、人才断层而化为无用的废纸，又有多少被西方传教士盗回欧洲换成了拉丁文的封面，从此与华夏文化无缘。

二、历史与现代之桥

宝朝珍在《算学宝鉴》序中写道："自结绳而政远，而后代之书契立，自书契立而后总之以数算，是数学为用于世大矣。盖肇自黄帝命隶首分为《九章》始传于世。上自天文，下及地理，中于人事。大而国家之兴衰，小而人事之得失，于凡万物之幽深玄远，出入潜没，罔不有数存焉。"

在天文学应用方面，古人为指导农业生产，合理安排生产生活，观测天象、编订历法，极大地促进了数学的应用与发展。

在国土测绘、田亩测量方面，《九章算术》里有专门章节来讲解。王文素在《算学宝鉴》中还针对一些不规则的弧矢地形，根据不同的弧度给出不同的系数，以达到精确的测量结果。

在人事应用方面，国家可以根据人口出生率预测人口，根据粮食产量预测税赋收入。在商业活动中，商人可以根据利率计算利息。

有学者认为："对于 17 世纪微积分创立时期出现的导数，王文素在 16 世纪已率先发现并使用，只从微积分的角度探索导数的起源是不够的，由此看来王文素对世界数学的贡献还应进行更深入的研究。"

王文素发明的算表、算法，把数学运算与珠算工具结合起来，把高次方程进行简化与规范化处理，进一步加强了数学的工具性与实用性，使得知识与技术能够更好地服务于生产生活。

第四章　西方算盘与中国算盘之比较

　　在中国存在以算盘为主要计算工具的历史阶段，与之相应的是，西方也存在着以算盘为计算工具的"算盘阶段"。中国算盘发明前的主要计算工具是算筹，西方算盘发明前也有计算工具存在。对于西方的"算盘阶段"，虽也有史料作为支撑，但仍存在着一些争论。将中西方算盘史进行比较，能够发现算盘在中西方的发展轨迹是不同的。

第一节　西方发明算盘前的计算工具

与中国比较系统的算筹计算体系相比，古代西方的算具就显得简单得多。西方古代有手指算、垒石算、沙算盘、计算板、沟算盘等计算方式。在西方的计算工具发展史上，没有中国这样相对明显的发展历程，计算板和沟算盘这样的计算工具在西方统称为"算盘"，用"abacus"来表示。

手指算，是中西方公认的最早的计算手段。将手指作为记数和计算的工具，来源于人的本能反应，它适应了早期社会简单的计算需求。手指算的影响无疑是广泛的。Keith F. Sugden 在其文章《算盘的历史》（*A History of The Abacus*）中认为手指算最重要的影响是对巴比伦、埃及、希腊、罗马和印度的古文化中的"1"而言，其是从手指算中演化而来的。同时，还认为，组数（通常以"5"或"10"作为一组）和算盘等计算工具的十进制都与手指算有着密切的联系。这显然是具有一定的合理性的。意大利帕乔利（Luca Pacioli）在其 1494 年所著的《算术、几何、比与比例集成》中特别介绍了指算法，并给出手指表示数目的方法。因而，作为最早的计算方式，手指算并不是简单的计数，而是作为计算进化的一个过程而存在的。

垒石算，也称石子算。随着社会的发展，简单的手指算已经不能满足计算的需求，人们开始寻求手指以外的计算工具，随处可见的石子便成了替代品。Keith F. Sugden 还提到一个故事。早在公元前 19 世纪，一个部落在确认士兵人数的时候，就是让每个士兵拿一个鹅卵石，依次从酋长面前通过，在通过的时候，将鹅卵石放在酋长的面前，并且以 10 个作为一堆，满 10 就将这一堆放在身后位置，直至士兵全部走完后，再对石子进行计算，也是将 10 作为一个整体看待，用这样的方式最终确认士兵的人数。这就显示出，当计数或计算逐步复杂的时候，人类采用新的替代方式，将计算历程又推进一步。

沙算盘，即在沙地或沙盘内打出沙沟摆放砂石计数计算。由于相关记录较少，因此只能大概进行描述，这种算法的方法应是在沙地或沙盘中打造小沟，将鹅卵石等比较圆滑的石子，放入沟中，以防止其滚动。在沙地或沙盘中出现沟，避免石子向四周散落，这较之前的垒石算又向前迈进了一步。

计算板和沟算盘与英文"abacus"常常通用，即我们所说的"西方算盘",是计算板和沟算盘等计算工具的总称。因而,西方算盘与中国算盘存在一定的差异。本书中的西方算盘与中国算盘是一个广义的概念,取其计算工具之意,这种差异将忽略不计。下面笔者将对西方算盘做具体介绍。

综上所述,西方在算盘发明前,计算工具比较简单,未形成完善的计算体系,也没有与之相对应的算法,这些计算工具只能用来进行简单的计算,遇到相对复杂的计算便无能为力了。

第二节 算盘西源说及争议

算盘西源说，是指认为算盘起源于西方，主要是指起源于古希腊、古罗马。若要解决这一问题，就需要厘清西方算盘史，梳理与西方算盘相关的争论。

一、算盘西源说的史料证据

从语源学的角度来看，英语中的"算盘"一词，即"abacus"来源于希腊文"αβαξ"。

1854年，在巴比伦附近出土的被称作 Senkereh Tablet 的泥板，其时间为公元前2300—前1600年，现藏于大英博物馆。据推测，它可能是一种"简便计算表"，从这块泥板可以看到的是其有24个平行线（或更多），泥板的两侧和中间分别有用楔形文字标记的数字符号。可能因其是以楔形文字作为表示方法，计算起来不方便，因而没有关于泥板的具体计算方法的记载。但从中可以看出在两千多年前，巴比伦地区已经出现了在泥板上画线的计算工具。

Senkereh Tablet

考古学家在埃及发现了一张由莎草制作而成的莎草纸，被称作 Egyptian Dot Diagram，时间为公元前 1500—前 1420 年，现藏于大英博物馆。这是一张图纸，上面画有一头牛，牛的上面由共 10 行 10 列的点组成。据推测，加减法的计算是通过向前或向后数点来进行的。即如果计算 15 加 17，只须先数 15 个点，之后接着再数 17 个点，数到这一点停下，看看这一点在第几列第几行，每行每列都是 10，这样就可以得出结果。减法也是同样的道理，如算 15 减 7 的时候，先数出 15 个点，再从第 15 个点倒数 7 个点，看着所得点的位置，从而得出结果。这一证据被看作早期的使用计算表格的证据。

1846 年，雅典附近的萨拉米斯岛发现萨拉米斯计数

Egyptian Dot Diagram

板，大致为公元前 4 世纪的算板，现藏于希腊国家图书馆。
这是一个白色大理石板材，规格是 149 cm×75 cm×4.5 cm。
此算板分为三个部分，下面是由 11 条平行线和一些古希腊
数字组成，据推测这是用来表示整数部分的。平行线上的
"×"是用来标注鹅卵石的位置的，两条平行线之间相差 5
倍。中间有空出的空白和上面 6 条相对较短的平行线和希
腊数字，据推测是用于记分数的。

　　在意大利那不勒斯历史博物馆中藏有一个公元前 3 世

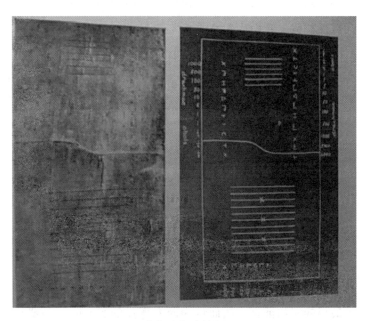

萨拉米斯计数板

纪的大流士花瓶，这个花瓶身上绘有大流士一世接受贡品的图案，其中有一幅是大流士接收奴隶的图案，上边有一个用于计算的计算桌，桌子上左边放有白色的鹅卵石，右边标有数字刻度。这是计算桌存在的有力证据。

在公元元年左右，罗马出现了沟算盘，现在罗马国立博物馆、大英博物馆都有收藏。罗马国立博物馆所藏沟算盘长11.8厘米，宽7.5厘米。罗马沟算盘为青铜材料所制，分为上、下两部分，上部分每个竖槽中有一个算珠，表示5个单位数，中间的字符表示位值，下面的部分也是由竖槽和算珠构成，其中的每个算珠都表示1个单位数。上下的每一颗算珠都可以自由滑动，每个竖槽之间是十进制。而这一结构和中国的算盘结构大致类似，这也是西方算盘成熟的体现。

由此可见，西方的算盘存在着众多史料作为印证，计算板、计算桌、沟算盘等计算工具都被称为算盘。虽然从西方算盘发展的过程看，沟算盘所处时期是算盘的成熟时代。但就算盘的结构而言，中国算盘分为两部分，珠子的分布为上二下五，这一结构只有沟算盘与之类似。因而沟算盘被看作西方算盘的起源标志，罗马算盘是西方算盘起源最早的实物证据。故而认为西方算盘的起源时间是罗马沟算盘的出现时间，即公元元年左右。

二、关于算盘西源说的争论

结合西方算盘的史料可以看出，西方算盘与传统意义的中国算盘有一定的差异性。但西方存在算盘是毋庸置疑的。由于西方算盘的史料都是实物证据和图案证据，使得关于资料本身的争论较少。更多的争论是与中西算盘起源的争论。

关于算盘起源问题的争论，一个主要的观点就是算盘西源说。算盘产生于西方这一观点，主要是指算盘起源于古希腊及古罗马。这一观点一方面是基于西方发现的算盘史料，即上文提到的算盘英文的词来源、萨拉米斯计数板、罗马的沟算盘等，另一方面是由于中国算盘资料主要是以文字为主，缺少具体的实物为证，欠缺一定的说服力。由于这些原因，在 20 世纪 50 年代时引起了一场争论。最早提出这一观点的是日本的山崎与右卫门博士，其在 1954 年所著的《东西算盘变迁及发达史论》一书中认为中国算盘是从罗马传入中国的。后在 1958 年，山崎博士、户谷清一和铃木久男编著的《珠算算法之历史》中，列举了四条认为中国算盘来自古罗马及中国算盘与古罗马算盘有密切关系的论据。针对这一观点，余介石先生最早提出反对意见，批判"中国算盘来自古罗马"这一观点，并阐述了中国算盘是中国独创的观点。在 1960 年，余介石先生曾邮寄给日本珠算专家铃木久男和户谷清一先生巨鹿算盘珠的图片和注释，来论证中国算盘的独创性及出现年代。之后，在 1987 年，华印椿先生写了《论中国算盘的独创性》一文，从所依据的史实、算盘的结构、计数法和四则计算法几个方面对算盘的独创性进行了论证。同时，在华印椿先生的《中国珠算史稿》中也有对中国算盘来源于古代罗马说的具体辩驳，文中还指出日本全国珠算教育联盟会长荒木勋先生承认算盘是中国人发明的。有了众多专家的努力，在 1981 年 11 月的中国珠算史第一次讨论会上，铃木久男先生发表讲话，肯定了中国算盘的独创性。但这并不能使这一争论得以结束，因为除了罗马说，仍有人质疑中国算盘的独创性，并指出算盘是闪米特人最先使用，后来传入中国的。江壁卿发现了这一说法，并发表了《珠算文化在中国源远流长——驳"算盘源于西方论"》一文来驳斥这一观点。但在文章中提到的反驳原因竟是因为文章"Computer in Society"（《社会中的计算机》）中给出的证据是中国的算盘配图。这一证据用来解释书中的错误有一定的合理性，但不足以证明算盘与闪米特人无关，因此古巴比伦存在的计算泥板在一定程度上表明了古巴比伦人曾经应用过计算板。

　　综上所述，西方存在"算盘"这一阶段，有着确切的证据，并在公元元年左右已经出现了算盘这一原始形态。由于西方算盘的史料大致是实物，因此关于西方算盘资料本身的争论较少，更多的争论点在中国的算盘与西方罗马算盘的关系问题和中国算盘的独创性上。

第三节 西方算盘是否影响过中国

中西方计算历史上都存在着"算盘"这一阶段是毋庸置疑的，这也是对中西算盘史进行比较的前提。通过对中西算盘史的比较，可以较为清晰地了解算盘在中西方历史上的发展轨迹，也可以更加全面地、较为科学地看待中西方算盘的起源时间和独创性等问题。

一、中西算盘产生前后的比较

中西方早期的计算工具有一定的相似性，例如手指算、石子算等。但还应看到两个方面的差异性，一方面，中国古代的计算工具主要是算盘产生前的筹算，有着自己独特的计算体系，算盘取代算筹也有着相对明显的变化历程和原因，而西方在算盘产生前的阶段则只有简单的记数和计算，没有完整独特的计算体系。另一方面，中国在算盘产生之后没有产生其他的计算工具，只是在原有算盘基础上进行了改进。西方在计算上并没有对算盘进行进一步的改造，而是在算盘不适应西方计算发展时，逐步放弃使用算盘，发明了与之相适应的新的计算工具，而这些新型的工具对西方数学逐渐超越中国起了较大的推动作用。

二、算盘出现时间的先后

就中国而言，"重农抑商"的思想在中国古代根深蒂固，算盘作为计算工具，较多运用于商业，因此士大夫们对于算盘或者与其相关的计算等记载较少。制作算盘的材料大多为木制，即使有实物也不易保存。这些原因或多或少使算盘在中国的出现时间只能通过侧面进行推测，通过前面的分析，可以看出中国算盘可能在唐代后期出现，在宋初出现是毫无疑问的。而对西方而言，计算板和罗马沟算盘都可以被看作西方的算盘，罗马沟算盘的出现时期是公元元年左右，可以看作算盘在西方的成熟期，实物证据使得争论较少，更容易使人信服。因而，据现有资料分析而言，算盘的原始形态最早出现在西方。

三、算盘的独创性问题

中西方算盘的发展都有具体的发展脉络，中国算筹和西方的计算桌都存在着易滚落、放置难、携带不便的共性特征，为发展成为算盘这种较为固定的计算工具提供了动力。在这种情况下，算盘具备在中西方都独立发展的条件。但是，这种可以独立发展的条件，并不意味着中西方算盘都是独立发展起来的，都具有自己的独创性，而是表明中西方算盘的发展都具备独立发展的推动条件。华印椿在反驳罗马算盘是在汉代传入中国并论证中国算盘独创性观点的时候，主要依据之一是认为秦汉时期没有直接的贸易往来，这种说法缺乏一定的说服力。例如在印度，数字就是由阿拉伯人传入中国的。没有直接来往的国家可以通过中介进行物品的交换和贸易，不能单凭借有无交流做定论。但是通过前文我们已经了解，就现有证据而言，算盘出现在宋初是有直接证据证明的，但不能排除算盘产生于唐后期的可能性，这就表明算盘产生时间最早也只能推至唐后期，那么，就可以说明罗马算盘在汉代传入中国这一观点是不成立的。对于中西双方是否都具有的独创性或者某一方是独创的，有待于更多新资料的发现来加以证明。

四、算盘在中西方是否有交流问题

关于这一问题的记载较为缺乏，没有资料显示中国算盘借鉴了西方算盘，但仅凭没有记载，就认定其不存在也是不科学的。因而，绝对肯定或绝对否定这一问题都是失之偏颇的。1936 年，曾问吾在其著作《中国经营西域史》中认为中国的算盘是由蒙古人西征之后，输入欧洲东部的。方豪在其《中西交通史》中谈及算盘的起源，也同意曾问吾的看法，认为算盘是在元朝时传入东欧的。这里需要说明的是，这种交流主要是指中国算盘与俄罗斯算盘的关系，并不是指与罗马算盘的关系，并不能用来论证西方算盘是由中国传入的这一观点。因而，中西方算盘之间是否存在交流和传播问题的解决还需更多新资料的发现。

五、算盘在中西方的发展和产生的作用

在发展方面，关于中国算盘的发展轨迹，前文已经有了结论，就现有的证据而言，比较科学的有证据可寻的算盘产生时间最早能推至唐朝晚期，宋初肯定已经出现，并在之后不断发展，至明、清、民国时期传播迅速并成为算

盘发展的高潮时期，其后的发展速度才逐渐慢下来，到了20世纪八九十年代，算盘逐渐淡出应用舞台。而西方算盘原始形态的产生时间明显早于中国，但没有进一步的发展，传播的速度也十分缓慢。因而，中国算盘在发展方面明显优于西方。在作用方面，算盘在中国古代经济等方面发挥的巨大作用众所周知，在西方所发挥的作用与在中国所起的作用相比就显得微不足道了。但是，笔者认为不仅要看到算盘在中国的巨大作用，还应该看到中国的算盘发展也可能带来一定的弊端。费正清在《中国新史》中引用奈森·席文的观点："中国算盘的计算效率尽管惊人，却只限于十二位数左右一次数组计算，不能做高级代数计算。"他认为，中国在14世纪中叶至17世纪这段时期比较欠缺数学上的创新，可能正是为算盘便利好用所付出的代价。

总而言之，通过对算盘中源说和算盘西源说的比较，笔者更倾向于华印椿先生的观点："世界上许多事物，部分和表面相似的很多，但彼此不一定有什么联系，或者彼此仿效。"就形态而言，算盘的形态最早出现在西方是毋庸置疑的。通过比较也可以看出中西方算盘在各自社会的发展程度有着明显的不同，算盘在中国最少也经历了几千年的历史，经历了萌芽、发展、繁荣、衰退这一完整的变化过程，应用范围广泛，使用的人不计其数，并在发展过程中出现了各种类型的算盘，适合在不同的场合应用。而在西方，虽然出现早也有较长时间的历史，但是其发展缓慢，使用者较少，也没有较大的变化。显然，西方出现算盘形态的时间较早，其发展却远远落后于中国，算盘在中国的繁荣发展程度更是西方算盘所无法相比的。这表明，算盘在中西方的发展轨迹有着明显的区别，而造成这一现象的原因，是值得进行研究和探索的。

第四节　中西方算盘的发展轨迹

　　就现有证据来看，中国算盘形态在宋初已经出现，最早也只能推至唐后期，而西方最早的形态出现在公元元年左右。显然西方出现算盘形态早于中国。但是，其出现的具体时间还需新资料的出现加以论证。我们暂且抛开对于算盘起源的争论，把目光更多地关注于算盘在中国和西方的发展对比上。众所周知，中国的算盘在元明时期开始逐步走向繁荣，成为家庭生活中的必需品。而西方的算盘却发展缓慢，甚至在 16 世纪就被淘汰下来了。这里主要探讨一下算盘在中西方发展状态不同的原因。

一、西方新型计算工具的发明

　　算盘在西方没有发展起来在很大程度上取决于西方出现了新的计算工具。与算盘相比，新的计算工具有着不可比拟的优越性。

（一）笔算的出现

笔算由印度逐渐传播到欧洲，凭借其更加完整的计算体系与方便操纵的优势，逐渐在 16 世纪取代了西方算盘。笔算最重要的部分便是数码的使用，因而需要先了解中西方的数码。

在中国所采用的数码是汉字和算码，汉字主要是指应用"零壹贰叁肆伍陆柒捌玖拾佰仟"或"零一二三四五六七八九十百千"等记数方式来记录。算码根据筹码演变而来，筹码是将算筹摆放数字的筹式画在纸上的数字，常见的算码有商人用来记账的苏州码等。刘钝认为："在阿拉伯数字被普遍接受使用之前，由筹算记数制脱胎而来的算码一直被中国数学家用来记数和表达数学关系，也被广泛应用于商业和日常簿记之中。"此外，笔算在传入中国的过程中也是用汉字书写的。明代吴敬在《九章算法比类大全》中应用的数码是汉字，李之藻与利玛窦合译的《同文算指》应用的也是汉字，直到 1905 年商务印书馆出版的《最新笔算》才完全应用阿拉伯数码的横写竖式的形式。汉字数码书写困难，不利于笔算的计算，却有利于算盘的计算，或者说不会阻碍算盘的计算。因为算盘的计算是直接在算盘这一工具上进行的，计算结束只需将最后的结果记录到账本上，并不需要书写计算步骤。因而，算盘满足了商人的需要，有着发展的优势条件。在欧洲，12 世纪时阿拉伯数码传到西欧，并直接被接受，这使得西欧在笔算的产生中更具有优势。西欧笔算，12、13 世纪应西欧资本主义萌芽的需要而诞生。这就表明，阿拉伯数码传入西欧的时间与笔算产生在西欧的时间一致。因而，数码在一定程度上造成了中西方算盘的不同发展情况。

在介绍笔算之前，需要先了解一下中西方笔的发展史。在中国，毛笔是古代主要的书写工具，起源年代可上溯到五六千年前的新石器时代。最早出土的毛笔发现于 1957 年在河南信阳长台关 1 号战国楚墓中，据推测，时间为战国初期。有着悠久历史的毛笔，是我国辉煌文明的象征。就材料而言，毛笔主要是由禽、兽等动物的毛制成，因而质地柔软。这种柔软的质地，显然不适合笔算的产生和发展，并且在以后对于毛笔的改革上，更多关注的是改善笔的弹性，主要集中在对制作材料的选择上，笔的软硬程度变化不大。这也在无形中对笔算在中国的传播形成了阻力。

相反在西方，公元 700 年罗马人就发明了羽毛笔，并在后来的一千多年中成为西方的主要书写工具。羽毛笔质地较硬，书写较流利，并且不断地改进，为笔算的产生和传播创造了条件。因而中西方的笔对笔算的产生和发展也产生了一定的影响。笔算大多是在纸上完成的，因而，纸的差异性也会使笔算在中国得不到传播。中国古代纸的改进和发展的主要目的是更方便毛笔的书写，因而更注重吸墨性和渗透性。例如宣纸，宣纸的特点是轻、薄、吸墨性强，造价较高，不利于笔算的书写和传播。在中国纸与毛笔的组合之下，加大了笔算的难度。但是西方多使用羊皮纸，这种纸结构较为紧密，防油性强，更加利于硬笔的书写。加之与羽毛笔等硬笔的结合，使得笔算能够更好地传播，并更容易携带。因而，纸的应用，也对笔算的发展和传播产生了影响。

就笔算起源来看，最早发源于印度沙盘算，在沙盘上用竹竿书写，到了 773 年阿拔斯王朝国王阿尔曼苏令印度天文学家把印度的天文书籍译成阿拉伯文，从而使印度的数码和沙算盘传入阿拉伯。1202 年，意大利比萨学者裴波那契（Fibonacci）写成《算盘书》，将印度阿拉伯数码进行详尽叙述，在欧洲形成了比较广泛的影响。但由于 13、14 世纪欧洲社会动荡，直到 16 世纪文艺复兴之后笔算才普遍使用。格雷戈尔（Gregor Reisch）在 1508 年完成的《哲学珠玑》（*Margarita Philosophica*）一书中，有一幅木刻画《桌子上的计算》，画上有三个人，左边在桌子上用阿拉伯数码进行笔算的人是博伊西斯（Boethius）的化身，右边用线算盘计算的人则是毕达哥拉斯（Pythagoras）的化身，两人正在进行一场算术比赛，中间是公证人。博伊西斯在数学方面著有《几何学》一书，此书对阿拉伯数码的传播起到了一定的作用，而毕达哥拉斯则是古希腊的数学家，其应用线算盘在一定程度上也显示了古希腊时期线算盘已经得到数学家的普遍使用。从左边人的表情可以看出他似乎赢得了比赛。这也显示了在 16 世纪笔算取得了胜利，代替了珠算。

较珠算而言，笔算有着携带方便、计算简洁等诸多特点，加之西方笔与纸的结合为其发展提供了更为有利的条件，因而，笔算在欧洲兴起，并逐步代替了珠算。笔算在中国的传入可追溯到 8 世纪唐朝与印度的交往，但因其传播缺乏有利的条件，也得不到重视，乃至无人问津，后直到 20 世纪八九十年代，笔算才得以在中国广泛使用。由此可见，笔算在西方得到广泛的传播，不断地冲击着西方算盘。而其在中国没有得以传播，这一时期又是算盘的萌芽时期，笔算没有冲击到算盘发展，算盘以其超越算筹的优越性逐步发展壮大。因而，笔算的兴起是导致中西方算盘发展轨迹不同的一大原因。

（二）计算尺和纳皮尔筹的发明和使用

计算尺作为计算工具的发明和使用，是西方计算工具逐步改进的一大标志。1614 年，英国数学家耐普尔（John Napier）发明对数后，英国人甘特（E.Gunter）根据其对数原理发明了对数计算尺，这也是最早的计算尺。1974 年，美国为显示计算尺在数学史和科技史上发挥的举足轻重的作用，制成长 6.096 米、重 50 千克的计算尺，这也是世界上最长的计算尺，更加肯定了计算尺在西方所发挥的重要作用。17 世纪时，欧洲随着计算工具——计算尺与钟表制造技术相结合，产生了最早的计算机。

1642 年，法国数学家和哲学家帕斯卡（Blaise Pascal）制成了最早的能进行六位数加减法计算的手摇计算机——加法器。在此之后，计算机逐步得到发展和改善，使得西方算盘消失在历史的长河中。而在中国，计算尺最早传入的时间是清代康熙年间（约公元 1680 年），但传入之后仅在故宫之中，作为藏品，并未向外流传。这显示出计算尺传入中国后的 200 余年，封建王朝并没有重视这富有实用价值的计算工具。当计算尺在 1841 年再度传入中国的时候，也只是有少数的介绍，没有得到广泛的传播，仍未受到重视。

邹伯奇所著《邹徵君遗书》中的《对数尺记》一卷，就是极少数介绍计算尺的书籍之一，其首次介绍计算尺的用法。直至 20 世纪初期，我国学术界才有人逐渐开始使用计算尺，且所用的均是高价的国外产品，国内尚不能自制。新中国成立前后，计算尺才开始在中国逐渐发展起来，后由于政府提倡并重视科学技术，计算尺的制造与改进才有了飞速的发展，但此时在中国，算盘仍是主要的计算工具。1964 年 10 月 16 日，我国的第一颗原子弹爆炸成功，这颗原子弹的大多数数据都是通过算盘演算而来的。

纳皮尔筹，也是 17 世纪流行于欧洲的一种计算工具。这是一个具有 4 个面的方形筹，每根筹的 4 个面按一定规则写上乘法表，一套 10 枚，分别称为第 1，2，…，9，0筹，另有平方筹和立方筹各一。这是与中国的筹算完全不同的一种计算方式，因苏格兰数学家纳皮尔（J. Napier）于 1617 年发表了著作《筹算》（*Rabdologia*）来介绍这种算具，而被称为"纳皮尔筹"。"Rabdologia"是"Rabdology"的拉丁文形式，这是纳皮尔自己造的一个名词，它来源于希腊语"rhabdos"，意为筹，而后缀"-logia"意为计算。这种筹算工具虽然没有笔算和计算尺应用的时间长，但也在欧洲的计算史上起到了一定的作用，这也表明了西方算具在不断进行革新。纳皮尔筹最早是由传教士罗雅谷介绍到中国的，但只是在清宫学术机构有所应用，并未被民间应用。这就使得纳皮尔筹和计算尺一样并未对中国的算盘产生深远的影响，但它们却在西欧迅速传播，使得算盘在西欧更是没有存在的必要。

二、中国算盘"软、硬件"的完善

在算盘没有发明之前，中国人的传统计算工具是算筹，在面对日益频繁和复杂的计算时，算筹携带不便等自身的缺点逐渐显现，难以肩负起主要计算工具的使命。算盘的出现和发展逐渐解决了这一难题。此后，中国算盘在不断进行"软件"和"硬件"的完善，逐步适应社会的发展。算盘在"硬件"上的自我完善，主要是指外观结构上的完善。结构上的完善指穿档算盘的出现、木质横梁成为定制和上二下五珠算盘的出现。

一是开始作为计算的珠子是游珠，它无法固定、易散落。之后为了方便逐步发展为有穿档、将算珠固定住的算盘，穿档的出现使算珠稳固，是算盘"硬件"上的一大完善。二是木质横梁成为定制。明代的《鲁班木经》中对算盘的规格做了记录："一尺二寸长，四寸二分大。框六分厚，九分大，起碗底，线上二子，一寸一分；线下五子，三寸一分。长短大小，看子而做。"这条史料虽然存在断句上的争论，但大多数学者认定这里指的算盘其上下算珠之间没有横梁，只是使用绳子隔开。1573年，徐心鲁在《盘珠算法》中绘有一幅9档算盘图，为上一下五珠的结构，中间的横梁是木梁。1578年，柯尚迁《数学通轨》中的13档算盘图，是上二下五珠的结构，中间横梁为木质。木质横梁更为固定，易于运算携带。由此可以看出，算盘的横梁逐渐完善为木梁，算盘的构造逐渐定型为上二下五珠。这是算盘"硬件"的又一大完善。因此，算盘的结构在不断的完善中逐渐定型。除此之外，算盘的外形和大小还可根据不同的需求制造不同的算盘，这也是"硬件"完善的一部分。例如出现在药房等计算复杂地点的算盘一般档数较多，方便计算。

算盘在"软件"上的自我完善主要是在口诀和算法上的完善。口诀是指将算盘的加减乘除四则运算编成歌诀，读之朗朗上口，便于记忆，更加便于计算。算盘继承了筹算的计算算法，因此，算盘在产生之初就应用筹算的乘法口诀，即"大九九"口诀，而除法口诀最早的记载出现在南宋数学家杨辉的《乘除通变本末》中，上面还记载了大量像九归歌诀、化零格等口诀算法。白寿彝在《中国通史》中评价这些歌诀："它反映了筹算算法的发展，也促进了珠算的产生，而它本身也逐渐演变成后人熟知的珠算口诀。"

元代朱世杰在其《算术启蒙》的首页"总括"中系统地总结和介绍了各种口诀，其特点是较之前的口诀更加简化和全面了，例如将杨辉的"九归捷法"简化为"一归如一进，见一进成十，二一添作五……逢九进成十"的36句口诀，这一口诀和后来珠算的口诀几乎一致。同时，也涵盖了"释九数法"（九九口诀）、"留头乘法"等口诀，进一步方便了计算。朱世杰对通俗化的歌诀，各种商用算术、日用算法等进行归纳和总结，这是古代筹算系统发展到顶峰的一个标志。其后，丁巨的《丁巨算法》中最早出现了"撞归"口诀："二归撞归九十二，三归撞归九十三……"

大致同时期，贾亨的《算法全能集》和何平子的《详明算法》都有大量的算法歌诀，例如"起一法""留头乘""归除法"等。这些算法使筹算除法得到进一步的改善，这为珠算的普及打下了基础，这些口诀与后来应用的珠算口诀大致相同，后来的珠算口诀是从筹算口诀继承而来的。随着口诀的逐渐完善，只要熟记口诀，计算就变得简便许多，而算筹这一工具在应用上的不便，也使得算盘这一适应算法能快速计算的工具迅速得到应用。从而表明，算筹口诀后期的改革也可以看作算盘口诀发展的初期，也是算盘口诀进一步完善的历程之一。

到明代，吴敬在《九章算法类比大全》中首次提出了珠算的加减法口诀，例如"一起四作五，二起三作五……"的"起五诀"、"无一去五下还四，无二去五下还三……"的"破五诀"、"无一破十下还九，无二破十下还八……"的"破十诀"等。这些口诀明显有利于算盘的应用。

1524 年，王文素的《算法宝鉴》一书，是第一本全部采用算盘计算的书，书中的很多运算方法、步骤、口诀都是专为珠算编的。这就进一步完善了算盘的算法口诀。

1573 年，徐心鲁的《盘珠算法》进一步介绍了珠算的用法，简化了加减法的口诀，使得口诀通俗而且易于应用和传播，同时改变了算盘的拨法，将之前算盘自下而上的拨法改为自上而下，这种改变提高了操作的速度。

1592 年，程大位编纂的《算法统宗》进一步简化了口诀，共有加法口诀 26 句，减法口诀 22 句。这本书也是最系统、最详细、影响最大、流传最广的珠算书。由程大位所编辑的一套简明顺口的珠算加减乘除口诀及开方方法，一直为后人所沿用。这些都表明，算盘的口诀和算法在此时逐渐定型。

中国算盘"软、硬件"的完善，使算盘形成了一套完善的体系，计算更加方便。而西方算盘的改动不明显，没有方便的口诀和简捷的算法作为支撑，其计算难度很大。

在这样的情况下，欧洲人不得不寻求其他算法，而笔算的出现正好解决了他们的难题。算盘在西方的退场、在中国的繁荣发展这两种不同情况的发生，也就不难理解了。但还应该看到，口诀虽然方便了算盘在中国的使用和传播，但是由于语言不通和口诀难以翻译等原因，使得算盘在其他国家和地区的传播受到了限制。

三、商人对算盘普及的作用

中国经历了漫长的封建社会，为了保证社会的稳定发展，统治者大多采取重农抑商的政策。在这样的大背景下，作为商业计算工具的算盘在中国得到较好发展，并逐渐成为生活常见物品，并深深植根于中华文化之中。这种现象似乎是匪夷所思的。其实这主要是由两方面的因素导致的：一方面，社会经济发展是逐步向前的，商业贸易和商品交换的发展是不可或缺的，而且重农抑商是一个总体性的政策。重农抑商的口号无法否定商业贸易的重要性与不可或缺性。统治者出于发展经济与稳定边疆等目的，会建立国家性的从事商业贸易的场所。例如宋代时，为了边疆的稳定，曾在与金、西夏的边界地区建立"榷场"进行双方商业贸易，并设立专门官员进行管理。在宋与金和好时期开放，金的榷场收入是远远超过宋给金的岁币量的。可见，在重农抑商的大背景下，商业贸易和商品交换的发展是不能被杜绝的。商业贸易的发展不仅推动了算盘取代算筹的进程，而且也促使算盘的发展逐渐走向繁荣和顶峰。

另一方面，在重农抑商的背景下，因生存所需，有很多人仍旧选择经商。中国山区耕地面积狭小，这样的地理环境使得很多人不可能从事农业活动，人们为了生存开始背井离乡，从事商业活动。徽商作为历史上著名的商帮，便是典型代表。徽商主要来自安徽南部，这一地区是典型的山区地形，民间有"六山三水一分田"之称。同时，《徽州府志》上记载本地"地寡泽而易枯，十日不雨，则仰天而呼，一骤雨过，上涨暴出，其粪壤之苗又荡然空矣"。徽州耕地面积狭小，而且自然灾害频发，不利于农业发展。面对这种环境，从商就成为本地区人们谋生的出路了。加之明清时期是商品经济快速发展时期，徽州所在地接近经济发达与贸易活跃的扬州、苏州等地，其本身又有着丰富的特色资源，从事商业活动便成为他们最好的选择。由此看来，算盘这一主要作为商业计算的工具，在重农抑商的大背景下仍能迅速发展，也就不难理解了。

在古代商人中间，王文素、程大位是算盘史上的重要人物。王文素，字尚彬。其约生于明朝成化元年（1465

年），约卒于明世宗嘉靖十四年（1535年），享年70岁。王文素出生于山西汾州晋商家庭，从小随父亲王林在河北饶阳经商，后定居于此。王文素自幼聪颖，涉猎广泛，受家庭及所处环境影响，对算学有着特殊的爱好。相对于绝大多数晋商的算为商用，他更多的是商为算用，一生致力于对算学的研究。他于明嘉靖三年（1524年）撰写出12册42卷近50万字的巨著《算学宝鉴》。此书是我国第一部全部使用算盘的算书，包含了对以往算书的总结和创新，代表了当时数学、珠算的最高水平。但由于这本著作刻板较少，传播的范围不是很广，因而在当时产生的影响有限。但这也显现出晋商重视算学，重视算盘的应用，也反映了晋商对算盘发展起到的巨大推动作用。

程大位，字汝思，号宾渠，生于明嘉靖十二年（1533年），卒于明万历三十四年（1606年），享年73岁。程大位出生于安徽省休宁县，休宁县位于安徽南部的徽州府，与歙、婺源、祁门、黟、绩溪五县都是徽商的发源地，而六县之中又以歙和休宁两县的商人著名。程大位自幼颖敏，加之受成长环境的影响，擅长算学，20岁便在长江中、下游一带经商，因兴趣和商业计算的需要，他遍访名师，博采众长，苦研算学。约40岁的时候，回到家乡，花了20年的时间钻研古籍，总结所学，著书立说。终于在1592年编纂完成 17 卷的珠算巨著——《直指算法统宗》（简称《算法统宗》）。这本书在其家乡刻印刊行后，得到广泛流传。同时，程大位为了算法更便于普及，于 1589 年对《算法统宗》删去繁杂，揭其要领，将此书缩编为 4 卷的《算法纂要》。这一举措加大了算盘的普及，产生了"风行宇内""海内握算持筹之士，莫不家藏一编并奉以为宗"的重大影响。

《算法统宗》不仅成为明清两代流传最广泛的算书，而且超越了国度。17 世纪初，朝鲜战争后传入日本，关孝和著《大成算经》曾录程大位的写算乘法。1673 年，村赖义盖《算法习惮改》中也提到了《算法统宗》。可见本书在日本的流行程度和影响之广。除了日本外，《算法统宗》也受到了朝鲜和东南亚各国人民的欢迎，在世界范围内产生了深远的影响。这也推动了算盘在中国乃至世界的传播。

有文章描写晋商子弟学习算盘的情景："一到天黑，停业了，晚饭后噼里啪啦的算盘声，从南门到北门，从东门到西门，小街巷、大买卖、大字号都响起来了。"在谢春水和夏骏慕写的《追访徽州古算盘》一文中提到一户徽州商人，由于在算一笔重大账目中拨错了一颗算珠，导致倾家荡产。在临终前留下遗嘱，要家人剔出自己的人骨，制成算盘，用来警醒后人——要提防小人算计，清醒地对待每一颗算盘。可以看出徽商对于算盘的重视。商人子弟学经商是从学习算盘开始的，算盘是各大票号、商铺中的必备之物，商人在商业活动中离不开算盘。因而，在应用过程中，商人也注意对算盘的改良。就有商人为了携带方便，将算盘与笔墨结合在一起，制成笔墨算盘。而欧洲商人认为欧洲的算盘计算复杂，速度较慢，不能满足商业的发展，因而逐步接受了笔算，用于商业的计算，导致算盘在欧洲的失传。中国的商人成为算盘继承的载体，使得算盘一代一代流传下去。

四、中华文化中的算盘

中国算盘在发展的过程中不断与文化相融合，文化赋予了算盘不同的含义，促进算盘的传播和发展。算盘逐渐根植于中华文化之中，这就为算盘的发展提供了深厚的文化土壤，使得算盘在计算功能逐渐衰落的时候，可以以其他的形式继续存在。算盘进入了文学作品。中华文化中存在着众多的算盘元素。明显的表现是，文学作品中出现算盘。宋末元初诗人刘因的《静修先生文集》中有一首以"算盘"为题的诗：

不作瓮商舞，休停饼氏歌。

执筹仍蔽篚，辛苦欲如何？

　　明正德年间以后，文学作品中越来越多地出现了算盘的身影。冯梦龙的《警世通言》第二十二卷"宋小官团圆破毡笠"中有宋金"兼之写算精通，……别船上交易，也多有央他去拿算盘，登账簿，客人无不敬而爱之"，宋金凭借会用算盘计算得到了大家的敬爱，也使刘有才将女儿嫁给他。同样在冯梦龙的《警世恒言》中也提到了算盘，卷十七"张孝基陈留认舅"中有"房中桌上，更无别物，单单一个算盘，九本账簿"的内容。这里用算盘突出了过善斋啬、会算计的性格特点。明代沈榜的《苑署杂记》"经费下"中介绍科举所需物品，在乡试和乡会试武举中分别有"铁灯笼镮并龙门拐子算盘十二面""算盘八面"的记载。还有《金瓶梅》《金陵琐事》等书中也出现了"算盘"这一词语，而且通过算盘引申出来的"盘算"一词的应用也很频繁。如《红楼梦》第三十六回中写宝玉的时候便用了"盘算"。"盘算"等与算盘相关词语的出现，也说明了算盘在文学语言和文学意义上呈现多元化，使算盘更能深入文学作品之中。算盘开始植根于中国的民俗文化之中。有众多的谜语、歇后语、俗语、对联等民俗文化与算盘相关。《红楼梦》第二十二回"听曲文宝玉悟禅机 制灯谜贾政悲谶语"中，迎春将"天运人功理不穷，有功无运也难逢。因何整日纷纷乱？只为阴阳数不同"这一以算盘为谜底的灯谜写在屏灯上，贾政虽然猜对了灯谜，却认为"迎春所作算盘，是打动乱如麻"，这一谜语也被看作隐喻迎春一生的遭际。但这却表明算盘在此时已经成为生活中的一部分，其意义和形式也开始多元化。迎春谜面中的"人功"，意指算盘上的珠子，要靠人去拨。而"阴阳"则暗指算盘的上下两排算珠。算盘用于歇后语、俗语，逐渐融入日常用语中，"和尚庙里打算盘——庙（妙）算""不管三七二十一""一退二六五""如意算盘""小九九"等都表明与算盘息息相关的语言已经成为常用语言。算盘及其计算方法除了它的功能作用，也被赋予了一些特殊寓意。

第五章　弘扬中国珠算

第一节　算盘对培养学生数感的作用

　　小学数学新课标将数感作为一项重要培养目标。数感是指学生对数的敏感性。算盘是一种传统的计算工具，能够对数的大小进行比较。在小学数学新课标中新增算盘，不仅是为了让学生熟悉算盘这一传统的计算工具，还要通过算盘达到培养学生数感的目的。

一、在小学数学教学中培养学生数感的重要性

小学阶段的教育属于义务教育，在这个阶段的数学教学中，教师应注重培养学生良好的数学学习习惯，不仅要让学生学习到数学基础知识，还要培养学生的数学素养，提高学生的综合素养。

数学素养是公民素养的重要组成部分，并不是简单地指学生的计算能力、解决书本问题的能力，还指学生对数学思想、方法等的掌握情况，要求学生能够从实际生活中抽象出数学问题，并利用所学数学知识解决实际生活中的问题，这些都要求学生具备较强的数感。对学生进行数感的培养，就是要让学生多接触现实生活中的问题，将数学学习与生活实际结合起来，建立起对应的数量关系，让学生能够在书本知识与现实问题之间进行灵活转换，从而使学生的学习效率得以提高，促进学生数学素养的提升。例如，"表内除法"的教学，教师可以通过学生喜欢吃的汉堡进行讲解："买 6 个双层吉士汉堡需要 30 元，买 4 个需要多少元？"很多小学生都喜欢汉堡，一看到这些数字，学生就能联想到自己平时在生活中吃汉堡的情境，计算出 1 个汉堡的价格为 5 元，买 4 个需要 20 元。在教师提出这个问

题时，学生反应的快慢就与学生的数感有关。

小学数学教学就是一个引导学生不断发现数学问题、解决数学问题的过程。在此过程中，能锻炼学生发现问题、分析问题和解决问题的能力，从而提高学生的数学综合能力。在培养学生解决数学问题的能力时，不是简单地让学生套用公式，而是要让学生学会在数学知识与事物之间构建联系，以不同的策略解决数学问题。例如，在"100 以内数的加法和减法"的教学中，学生首先要能够正确地比较数的大小，教师这时可以将算盘利用起来，让学生学会比较数的大小，使学生能够自然地学会 100 以内数的加减法。100 以内数的加法是一种叠加，可以借助算盘进行计算，教师还可利用学生生活中熟悉的物品让学生掌握 100 以内数的加减法计算方法，使学生能够灵活运用不同的方法进行计算，降低学生的理解难度，提高学生的数学能力。

二、算盘对培养学生数感的作用

算盘是一种重要的传统计算工具，小学阶段的数学教学内容十分基础，但也会涉及很多关于数的运算的内容。要学好数学，学生必须具备一定的数感，也就是要对数有比较强的敏感性。根据相关研究，儿童在建立数的概念时以直观形象为基础，再经过思维的深度加工，通过分析和综合等，抽象概括成数。在小学数学教学中，将算盘这一直观的计算工具利用起来，有利于培养学生的数感。例如，在"20以内的退位减法"的教学中，教师就可以利用算盘培养学生的数感。在让学生认识1~9的数时，教师可以让学生自己拨算盘上的珠子，拨一颗，数一颗，使学生能够形成对1~9的认识。在数到10的时候，教师仍然可以继续利用算盘上的珠子让学生数数。教师可以在课堂上利用算盘进行演示，当学生数到9后不知道如何数下去时，告诉学生，再数一颗个位上的数就是10颗，可以用算盘右起第二档上的一颗下珠表示10。在学生掌握这些基础知识的基础上，以此类推，学生就会知道怎样表示11~20，再延伸到100以内的数的认识，学生理解起来会更加容易。然后，教师再利用算盘讲解如何对20以内的数的加减法进行计算，使学生能够在课堂上更加高效地学习。由此可见，在小学数学中引入算盘，有利于降低学生理解数学知识的难度、培养学生的数感，从而提高学生的数学能力和素养，促进学生在小学数学学习中的进步。

三、利用算盘培养学生数感的策略

（一）利用算盘帮助学生建立数感

儿童数感的基础形式是数的感念，要使学生建立数的感念，还得让学生学会数数。在数数的过程中，需要借助一定的工具，算盘就可以充当学生数数的工具。通过让学生移动算盘上的珠子，使学生逐渐形成数的概念。在拨珠数数时，最关键的一步就是移动操作。如果学生不移动珠子，只是对算盘上静止的珠子进行数数，学生很容易产生混淆，甚至会出现不知道自己数到哪里的情况。所以，在利用算盘引导学生数数时，教师一定要强调让学生对珠子进行移动操作。例如，口中数到 1 的时候，就用手在算盘上拨 1 颗珠子，学生会看到在算盘上有 1 颗珠子与其他的珠子出现一定的距离；数到 2 的时候，再拨 1 颗，这时会有 2 颗珠子移动开来，让人一目了然。通过这样的方式，既能够让学生正确地认识算盘，又能够使学生在数量和实物之间建立起数学关系。由于数数和拨算盘珠子都是按照顺序进行的，所以还能够使学生在潜移默化中形成对基数和序数的认识。在算盘的帮助下，学生以移动珠子的方式认识数、计数，并将数读出来、记下来，可帮助学生逐渐形成数的概念，建立起数感，也能使学生养成用算珠或者数学符号计数的习惯。所以，在小学数学教学中，教师可利用算盘帮助学生学会用抽象的数学符号表示实物，使学生能够在脑海中建立起数感。

（二）通过拨珠数数的方式扩展数感

珠心算在小学数学教学中发挥着十分重要的作用，具有形象性特点，可操作性也很强。教师在对数学知识进行讲解时可充分利用算盘，让学生在拨珠的过程中数数，再对数进行加减运算。整个过程形象、直观、生动，操作也很简单，学生理解起来会比较容易。拨动算盘珠子，是让学生学会如何组成和分解数的过程。例如，计算 1+3 时，教师可以让学生先分析算式中的两个数，即 1 和 3，先在算盘上移动 1 颗珠子，口中数 1，然后，再从 1 数到 3，在算盘上移动 3 颗珠子。在完成这两步操作后，让学生数一数算盘上总共移动了多少颗珠子，这就是 1+3 的计算结果。对于更加复杂的计算，则要将表示 10 的珠子利用起来，通过对数的组合，使学生形成数的加法的认识。对于减法的计算，则是对数的分解。如"9-6=?"，教师可以让学生先在算盘上拨出 9 颗珠子，从 1 数到 9，再移去 6 颗珠子，从

1 数到 6。然后，教师再让学生数一数算盘上还剩下多少颗珠子，学生能一眼看出还有 3 颗，这就是"9-6=?"的计算结果。通过这样的操作，可以让学生学习到减法的计算方法，达到培养学生数感的目的。

（三）利用算盘运算提升学生的数感

在利用算盘进行小学数学知识教学时，需要学生手脑并用，在拨动算盘上的珠子时，还要在心里数数，一个数一个数地累加起来就是加法运算。如先拨 1 颗珠子，再拨 1 颗珠子，就是 1+1=2。在 2 的基础上再拨 1 颗珠子，就是 2+1=3。如果算盘上已经拨好 3 颗珠子，在此基础上拨去 1 颗珠子，那就是 3-1=2。再在此基础上拨去 1 颗珠子，就成为 2-1=1。这样的教学步骤能使学生形成减法的概念，让学生认识数，掌握数的顺序，学会如何对数进行组合和分解。所以，在进行简单的加减法运算时，教师可以引导学生将算盘作为运算工具，以此提升学生的数感。对加法有牢固的认识后，学生再去学习有关乘法的内容时就会更加轻松。从这种教学方式中可以看出，整个教学过程比较自然，不存在刻意性。拨入和拨出是一个互逆的过程，如果学生只是在大脑中进行互逆运算，难度明显会更大，动手拨动算盘中的珠子，难度则要小得多，这能充分说明

"儿童的智慧在他的手指尖上"。当学生已经非常熟悉算盘，能够在脱离算盘的情况下在心中利用算盘进行运算时，学生的运算速度和准确率都会有明显提高，这也能说明利用算盘教学可有效地培养学生的数感。

第二节　传承保护中国算盘意义深远

2013 年 12 月 4 日，联合国教科文组织正式将"中国珠算"列入人类非物质文化遗产名录。联合国教科文组织保护非物质文化遗产政府间委员会第八次会议决议是这样评价中国珠算的："中国珠算以算盘为工具，是一种历史悠久的传统运算方法。它既是中国人文化认同的象征，也是一种实用工具。这种工具经世代传承，一直适用于日常生活的许多领域，具有多重的社会文化功能，为世界提供了另一种知识体系。"这段话中有三个关键词句值得我们关注：历史悠久，中国人文化认同的象征，为世界提供了另一种知识体系。因此，传承保护中国算盘，至少应有以下三个方面的重要意义：一是有助于增强我们的历史自觉，二是有助于培养我们的科学精神，三是有助于坚定我们的文化自信。

一、传承保护中国算盘，增强历史自觉

历史自觉，是一种对人类社会历史运行规律的深刻领悟，并主动营造历史发展前景的能力和水平。我们中华民族一向注重记录历史、学习历史、借鉴历史，是一个具有高度历史自觉的民族，历史自觉精神是中华优秀传统文化的重要组成部分。回顾中国算盘的发展历史，能够充分体会中国算盘在其千年发展历程中所体现出来的沉静凝练、不屈不挠、革故鼎新的历史精神内涵。

（一）源深流远——商周时期算盘以珠示数的萌芽

万物皆有源，中国算盘的源头在哪里？这是珠算学术界至今仍在探索的问题。要追溯算盘的源头，就得从算盘以珠示数的特点说起。古人最早经历了手指计数、石子和竹木计数、结绳计数、刻痕计数、文字记数等发展过程。那么，什么时候开始以珠计数的呢？1978 年，在陕西岐山县凤雏村西周宫庙遗址出土的一组文物，它们叫陶丸，一共有 90 粒。当时专家们有的认为这些陶丸是打猎的弹丸，有的认为是棋子。我国珠算史家李培业先生当时提出，是不是古人用来计数的圆珠？后来中国珠算协会在陕西召开

了一次数学界、文博界、珠算界的专家鉴定会，大家倾向于认为是古人用来计算的圆珠。如果此说成立，这组陶丸很可能就是以珠示数的源头。

（二）名成理就——秦汉时期算盘雏形的出现

"珠算"一词最早出现于东汉数学家徐岳的数学著作《数术记遗》。徐岳为什么会写这本书，又为什么会在书中记载珠算呢？这就要从徐岳的老师刘洪说起。刘洪是汉高祖刘邦第十一世玄孙，是东汉时期著名的天文学家、数学家，曾撰写著名的天文历学著作《乾象历》。他在撰写《乾象历》时，广收学生，其中就有徐岳。当时刘洪向徐岳传授了我国东汉以前的 14 种算具及算法，徐岳据此写成了《数术记遗》一书。由于书中最早记载了"珠算"方法，刘洪被誉为"算盘鼻祖"。书中记载的珠算工具是这样的："刻板为三分，其上下二分以停游珠，中间一分以定算位。位各五珠，上一珠与下四珠色别，其上别色之珠当五，其下四珠，珠各当一。至下四珠所领，故云控带四时。其珠游于三方之中，故云经纬三才也。"从这段话中可以看出，工具是一块算板，分上、中、下三部分，上、下停游珠，所以当代珠算史研究工作者称之为游珠算板，这种游珠算板以珠示数、五升十进，与现今算盘完全相同，所以被称为现代算盘的雏形或称为算盘的前身。

（三）形简意丰——唐宋时期算盘的形成和完善

现今有梁穿档穿珠的算盘什么时候开始出现的呢？对
于《谢察微算经》这本数学著作，该书的作者谢察微是什
么时代的人，数学界有一定的争议，有的认为是唐代人，
有的认为是宋代，目前更多的专家考证倾向于其为唐末五
代时期的数学家。所以目前我们认为，谢察微至迟是北宋
时期的人。《谢察微算经》中有关于算盘及其结构用语的记
载："中（算盘之中）……上（脊梁之上又位之左）、下
（脊梁之下又位之右）……脊（盘中横梁隔木）。"这是目
前最早的关于"算盘"一词的记载。所以说，现在的算盘
至迟在北宋时期就已经形成了。与《谢察微算经》记载相
互印证的还有这样几组历史文物：一是《南部新书》（成
书于1008—1016年），北宋钱易撰，书中记载的"鼓珠之
法"就是珠算方法。二是巨鹿算珠，木质，扁圆形，与如
今通用的算盘珠大小相仿。宋徽宗大观二年（1108年）因
黄河泛滥，湮没在河北省巨鹿县故城。1921年7月，国立
历史博物馆在故城遗址发掘而得。三是北宋画家张择端的
《清明上河图》中的算盘图。四是北宋苏汉臣绘货郎图，在
货郎担上绘有一把清晰可见的算盘。从以上历史文物中可

以看出，现代算盘至迟在北宋时期就已经出现了。

（四）物竞天择——元明时期算盘的成熟

虽然算盘在宋代就已经形成，但由于其最初是商人经商使用的计算工具，而古代封建社会重农抑商，商人是没有地位的，所以商人使用的算盘也得不到重视，上层社会士大夫和数学家们都使用筹算进行计算。这种状况到了元明时期逐渐开始发生变化，使用算盘的人越来越多，更难能可贵的是如吴敬、王文素、徐心鲁、柯尚迁、朱载堉、程大位等数学家，突破世俗偏见，开始研究珠算并撰写珠算著作，有力地促进了算盘取代算筹成为社会主要计算工具的进程。

当时中国的算盘是上二下五鼓形珠，还是上一下五菱形珠？关于这个问题，也曾经在国内外珠算界引起探讨和争议。有日本学者认为，明代中后期，当中国的算盘传播到日本后，日本对中国的算盘进行了改制，所以出现了上一下五菱形珠算盘。事实真是这样的吗？我们还是从历史中去寻真相。明代儿童识字课本《对相四言杂字》中绘有一把上二下五珠算盘。明代木工用书《鲁班木经》中记载制作算盘的规格时，也明确说是上二下五珠。明代数学家柯尚迁在《数学通轨》一书中，绘有现存最早的 13 档上二下五珠算盘图式。所以上二下五鼓形珠算盘是中国发明并

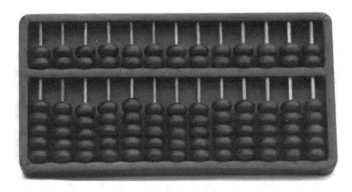

上二下五鼓形珠算盘

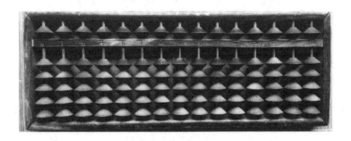

上一下五菱形珠算盘

最早使用，这一点毋庸置疑。

　　那么上一下五珠菱形珠算盘真的是日本先使用的吗？首先来说上一下五形制的算盘。在徐心鲁订正的《盘珠算法》中，最早以算盘图对照口诀说明算法，书中所绘算盘图就是一把上一下五鼓形珠。所以说上一下五珠形制的算盘早在中国就已经出现了。再来说说菱形算珠的问题。在明代户部尚书卢维祯墓中出土了一架上一下五菱形珠 15 档木质算盘，这把算盘的出土，一举证明上一下五菱形珠的算盘在我国明代就已经开始使用了。这一时期的算盘，已经是当时最重要的计算工具了。

（五）器利技长——清代民国时期算盘的应用

明末清初，西学东渐，西方的一些计算方法及计算工具随之传进中国，最主要的是笔算、纳皮尔筹算、比例规。笔算方法是通过意大利利玛窦与我国数学家李之藻共同编译的《同文算指》（1613年）一书传入中国的。笔算是用笔在纸上按一定规则书写计算，都是从低位算起，其运算法则与中国珠算完全不同。纳皮尔筹算是对数的发明者——苏格兰数学家约翰·纳皮尔发明的一种计算方法，通过意大利罗雅谷翻译、德国汤若望修订的《筹算》一书传入中国的。纳皮尔筹算化乘除为加减，计算快捷。比例规由意大利科学家伽利略发明，传教士罗雅谷通过《比例规解》传入中国。与比例规同时传入的功能类似的还有西方的计算尺。以上三种计算方法和计算工具，与中国的算盘统称为"四算"。清代方中通在《数度衍》中评价道："乘莫善于筹，除莫善于笔算，加减莫善于珠算，比例莫善于尺算。"沈士桂在《简捷易明算法》中首次提出纳皮尔筹算与珠算相结合计算乘除法；许桂林在《算牗》中也主张"珠筹联用"。"四算"之中，珠算更优，珠筹联用，功能尤佳。

比例规

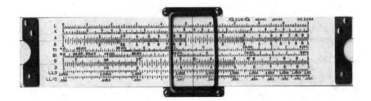

计算尺

上三下五珠算盘（清代）

在珠算博物馆内藏有一把清代的上三下五珠的算盘，清代数学家潘逢禧在《算学发蒙》一书中也绘有上三下五珠算盘。这种算盘是哪里使用的呢？我们可以从清代天文学著作《天文算学纂要》中找到答案。因为这本书中的计算都是用算盘完成的，而且就绘有一把上三下五珠的算盘图，所以上三下五珠的算盘是用来进行天文历算的，这也是对算盘的拓展性运用。在珠算博物馆里还展出了一把上四下五珠的算盘。关于这把算盘的主人，还有一段故事。故事主人叫周懋琦，号子玉，安徽绩溪人，清代名臣，曾徙居南通州，也就是今天的江苏南通。周懋琦曾做过台湾知府，也就是台湾的最高行政长官。他在台湾时曾撰写《全台图说》这本书，书中关于钓鱼岛的记载，有力地佐证了钓鱼岛自古以来就是我们中国的领土。周懋琦后来调到福州船政局，参与设计制作了我国首次自行设计建造的全钢甲军航——平远号，这把算盘就是他当年使用过的。当时还有一把上二下五珠的算盘。这两把算盘还有一大特点，就是上面写满了古代计数单位及进位规律，这也是非常罕见的。可以说，算盘在清代民国时期不仅在商业活动中发挥了重要作用，在科学研究领域也得到了广泛运用。

（六）古珠新声——新中国成立后算盘的革新

新中国成立后，随着社会主义建设的需要，算盘得到了更加广泛的使用。工业、农业、商业等经济领域，铁路、桥梁、水利等工程领域，甚至导弹、原子弹、氢弹、人造卫星、核潜艇等军事科研领域，都有算盘的身影。为了使算盘能够在更为广泛的领域运用，也为了能够用算盘计算更为复杂的运算，更为了能进一步帮助使用算盘的人们提高计算速度，一些珠算家们开始对算盘进行改革，涌现出了大量的革新算盘。

二梁算盘，邓伯贤、邓仲康于1950年设计制作。有甲、乙两种：上一中四下一共六珠和上一中五下一共七珠，上珠一颗与下珠一颗均代表5，中珠四颗或五颗，每颗均代表1；有上梁和下梁各一根。上珠与下珠之间有连杆相接，有一盘两数（正数与负数）之作用。

科学算盘，朱伯平于1951年设计制作。分上、下两部。上部设有数码轮两行，下部为双梁一四一珠的正负数算盘，上一珠与下一珠有连杆相接，除了能进行四则运算外，又可计算负数。

新式算盘，严补奎于1951年设计制作。他将两把算盘分上下部连在一起，共17档。上盘五珠：上一下四，专作排列数字用。下盘六珠：上一下五，专作演算之用。左边6档上部为红色，下部为黄色；右边11档则上黄下红。

一一五天珠算盘，姚文海于1952年设计制作。其结构特点是天珠一颗，上珠一颗，下珠五颗，用二梁隔开。使用时，天珠以一当十，并作定位或负数符号之用。上珠以一当五，下珠以一当一。

一二四天珠算盘，张匡葛于1952年设计制作。其结构特点是两梁、七珠。天珠一颗，上珠两颗，下珠四颗。天珠靠梁以一当十，又可作定位之用，上珠以一当五，下珠以一当一。

三升十进双页算盘，朱世浩于1965年设计制作。它有三梁双盘，上盘作辅盘，下盘作主盘，每盘上珠三颗，以一当三；下珠以一当一。逢三向上珠升一，逢十向上档进一，可以做到珠算笔化。使用时，仿照笔算运算，法数布在上盘，实数布在下盘；在分数运算时，子数布在上盘，母数布在下盘。

上二下四珠算盘，陈梓北于 1956 年设计、1980 年开始生产制作的一种六珠算盘。使用方法：上珠二颗，作用与上二下五珠算盘同；下珠四颗，作用与上一下四珠算盘同。

华印椿改良算盘，华印椿于 1952 年设计制作的一种改良算盘。它的构造特点是：珠小（珠直径 16 毫米），19 档，盘上设有两个活动定位器，梁上设有三位分节星标，上一下四每档五珠。

加尺算盘，陈梓北于 1954 年设计制作的一种"加尺算盘"。它分上、下两部分，上部有一把可以转动数字的"加尺"，下部为一把上二下四的六珠算盘。使用时，把法数写在加尺上，实数布在算盘上运算。在 13 档的加尺算盘上，加装的滑尺可记七位数字，实际上可当二十位的普通算盘使用。

联合算盘，余介石于 1955 年设计制作的一种算盘与计算尺两结合的"联合算盘"。算具两边呈流线型，用红木制成，中梁上框中各嵌入骨制圆柱形活动定位杆，下框银有计算尺之 A、B 二尺度，系在商除时作试商之用。计算加减乘时，同一般的算盘一样。

尺珠算盘，姚文海于 1964 年设计制作的一种带尺算盘。它由两部分组成，上部为一只有定档、定位、助算的三用尺，下部为上二下五珠算盘。使用时，把实数布在算盘上，法数布在尺上，对档逐位移动进行乘除运算，最后，移动定位尺对准个位档，即可读出得数。

顾氏定位算盘，顾铭钦于1954年设计制作的一种上一下四珠、带清盘器的中型算盘。它的上框装有一根活动定位算标（游标），中梁装有一根活动定位尺，供和差积商定位之用。下框装有一枚活动个位标，供开方和确定除算的余实数值之用。清盘器供一次性清盘之用，底板撑架供移动算题之用。

轴珠算盘，殷长生于1962年设计制作的一种带助算器的算盘。在上一下四菱珠的算盘上装有两条活动转轴的二位数（00~99）倍数表，作为助算器。使用时，把法数在两条轴上转出，即可看到两数的1~9倍，布实数于盘上演算。

定位算盘，周全中于1981年设计的一种带环形定位装置的算盘。它的构造是：上一下四，中型圆珠，档位有13档与15档两种。在中梁上设有一根用宽紧带做成的活动定位（环形）带，可以自由拉向算盘的各档上，以定出个位和用三位分节定点的各数位置。

上一下五珠算盘，中国东北地区生产和使用较早的一种六珠算盘。上一珠下五珠，有梁，使用时用二指或三指拨珠。上一下四珠带清盘器算盘，现代普遍使用的算盘。

隐珠算盘，当代柳晓城设计。

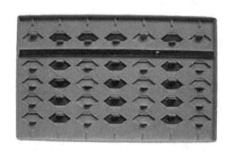

隐珠算盘

由于计算机技术的迅猛发展，革新算盘没有能够得到推广和使用，但珠算家们在改革算盘的过程中所表现出来的那股精神却永载史册，这就是可敬的珠算前辈们表现出来的高度的历史自觉。我们今天在传承和保护算盘的过程中，最重要的就是守护和传递这种历史自觉。

二、传承保护中国算盘，培养大众科学精神

1991年，由财政部、广播电影电视部、中国珠算协会、中央电视台联合主办了全国首届珠算科技知识竞赛活动，这次活动历时一年半，全国各省、自治区、直辖市均

组队参赛，时间之长、人数之多、影响之远，史无前例。而更重要的是，这次活动为珠算作了一个极为准确的定位，那就是珠算属于科学技术。

（一）算盘结构的科学性

其一，以珠示数的科学性珠是球体或近似球体，球体具有对称性，即以过球心的任意直线为轴旋转某一角度后，其形状和位置察觉不出变化。也就是说，球体既可以灵活旋转，形状又不会变化，而且也不会偏离原有位置，更适合用来作为计数的元件。

其二，以档穿珠的科学性为了计算时更加快捷方便，就要创造条件使算珠动静自如，无论显示、运行都能恰到好处。也就是算珠要能静能动，静而稳，动而速。中国古人在长期摸索的基础上，确定通过珠心穿一圆孔，用稍细圆棍（档）穿着平放。算珠穿档，不仅能静能动，又易携带。赖斯《数学的珍宝》中的线算盘是在平面上画线，把算珠压在线上表示数，两条线之间空里放的算珠表示5，下图中表示的数为9。

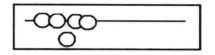

赖斯《数学的珍宝》中的算盘一线

其三，设置框梁的科学性。在实际运算中，算珠动起来之后要停在哪里，需要有个恰当的控制办法，否则就难以做到准确、迅速了。中国古人经过摸索确定的办法，就是在需要停止的地方用横木挡住，这便是框和梁的设计。有了框和梁，用手拨动算珠时，可以放心大胆地拨，不必考虑何时停、怎样停。到停的地方自然被挡住停下，从而不仅操作极为简易，又保证了拨珠的高速度。横梁的设计，不仅把算珠分成上、下两部分，还可挡住算珠使之停在此处。这样，算珠不仅有梁上、梁下的空间位置区别，还有靠梁、靠框的空间位置区别，从而把算珠的空间位置区分成两方。

其四，以一当五的科学性。科学研究表明，人视觉直观累积个数的极限是4，如果累积珠子多了，如●●●●●●●●，就难以一下子直观分辨出多少。中国古人发明了以一当五，说明当时就已经掌握了人视觉直观累积个数不超过4的规律。

其五，无限扩位的科学性用算珠的一档为基本单元，以

163

此为周期，构成算盘。可以任意做许多档，没有限制，使用中可以视算盘两端都可以无限延长，有无限多档，任何多位数都能表示。明代科学家朱载堉撰写的《算学新说》中记载："凡学开方，须造大算盘，长九九八十一位，共五百六十七子，方可算也。不然只用寻常算盘四五个接连在一处，算之，亦无不可也。其算盘上贴纸一长条，上写第一位，第二位等项字样，使初学易晓也。"在我国殷墟出土的距今1400年的甲骨文卜辞中，就已经出现了"一、十、百、千、万"。东汉徐岳在《数术记遗》中，从"万"向上扩展至"亿、兆、京、陔、秭、壤、沟、涧、正、载"。元代数学家朱世杰在《算学启蒙》中从"载"再次向上扩展至"极、恒河沙、阿僧祇、那由他、不可思议、无量数"。《孙子算经》中最早记载了"分、厘、毫、丝、忽"。《谢察微算经》中，在"忽"往后增加了"微、纤、沙、尘"。

（二）五升十进的科学性

有学者认为，北京周口店的一万多年前旧石器时期的山顶洞人遗址出土的骨管，以一个圆点代表1，两个圆点并列代表2，三个圆点并列代表3，五个圆点上二下三排列代表5，长圆形可能代表10。中国著名数学史家、国际科学史研究院通讯院士李迪教授认为山顶洞人骨管符号是"一种十进制思想"。中国青海乐都区柳湾出土 1000 多枚新石器时代骨片，经研究发现，骨片上有刻痕，少的 1 个，多不超过 8 个，每个骨片上的刻痕数目不超过 10 个，有专家以此认为新石器时代已有加法运算和十进制。

公元前 1600 年左右，我国商代甲骨文中已具备完整的十进位值制系统。美国科学家李约瑟在他的《中国科学技术史》中写道："商代的数字系统比古巴比伦、古埃及同一时代更先进、更科学。""如果没有这种十进位制，就几乎不可能出现我们现在这个统一化的世界了。"

其实仔细研究"河图""洛书"与我们的算盘，会有许多有意思的发现。首先，"河图""洛书"中的"五"居中央，说明"五"的重要性。其次，"洛书"的纵、横和对角线上的三个数的和都是 15。上二下五珠算盘每一档珠表示的数加起来正好是 15。再次，点图和黑点图与算珠形状类似。最后，"河图"中配置在一起的两个数之差为 5。当四方的某一对数中的两个数分别与中间的 5 和 10 相比时，它们的差是同一个数，而且这个差数就是我们珠算中的"凑数"和"补数"。

我们回到五升制，五升制最早在我国的筹算中就已经开始使用。筹算的计数法是：一纵十横，百立千僵，千十相望，万百相当。可见筹算体现了"以一当五"、纵横式计数的科学智慧。算盘上1颗下珠当一，1颗上珠当五，本位满十向前一位进1。这种"五升十进制"是珠算的精髓和根基。

后　记

　　算盘是中国传统的计算工具，由早在春秋时期便已普遍使用的筹算逐渐演变而来。它不但是中国古代的一项重要发明，而且是在阿拉伯数字出现之前被人们广为使用的一种计算工具。

　　中国是算盘的故乡，在计算机已被普遍使用的今天，古老的算盘不仅没有被废弃，反而因它的灵便、准确等优点依然受到许多人的青睐。因此，人们往往把算盘的发明与中国古代四大发明相提并论，认为算盘也是中华民族对人类的一大贡献。然而，中国是什么时候开始有算盘的呢？从清代起，就有许多算学家对这一问题进行了研究，外国学者也对此投入了不少精力。但由于缺少足够的证据，算盘的起源问题直至今天仍是众说纷纭。

　　因此，本书综述了社会各界不同的算盘起源说，并且展开叙述探讨了算盘与美学以及商业之间的联系，此外还探讨了西方算盘与中国算盘之间的区别、联系以及两者之间的相互影响，最后讲述了传承中国珠算的现实意义。

在本书写作过程中，笔者查阅了大量的资料，并且花费大量时间和精力进行了实地调研，夙兴夜寐，殚精竭虑。感谢在本书写作过程中提供过帮助的各界人士，如有不足之处，期望读者能够不吝赐教，提出宝贵意见！

作者

2022 年 11 月